love♥HOME Style
优雅简约的收纳创意

[日]玛丽（Mari）著

宋玮　译

机械工业出版社
CHINA MACHINE PRESS

本书是"恋家小书"三部曲的收官之作，超人气博客女王玛丽（Mari）毫无保留地介绍博客中经常被粉丝问到的、简约的物品收纳创意，以及如何优雅地展示屋内布置的方法等。在本书中，作者将为大家全面公开她在不断失败中摸索出的收纳诀窍。由于使用的都是一些在如无印良品、宜家等店铺中可以轻松买到的物品，所以本书介绍的这些创意，大家可以轻松模仿！

love HOME Style UTSUKUSHIKU SIMPLE NA SHUNO NO IDEA SHU
© 2014 Mari
First published in Japan in 2014 by KADOKAWA CORPORATION，Tokyo.
Simplified Chinese translation rights arranged with KADOKAWA CORPORATION，Tokyo
through Beijing GW Culture Communications Co.，Ltd.

图书在版编目（CIP）数据

优雅简约的收纳创意 /（日）玛丽（Mari）著；宋玮译 . —北京：机械工业出版社，2017.6
（恋家小书）
ISBN 978-7-111-56419-5

Ⅰ.①优…　Ⅱ.①玛…②宋…　Ⅲ.①家庭生活—基本知识　Ⅳ.① TS976.3

中国版本图书馆 CIP 数据核字（2017）第 063496 号

机械工业出版社（北京市百万庄大街 22 号　邮政编码 100037）
策划编辑：时　颂　责任编辑：时　颂
责任校对：潘　蕊　封面设计：马精明
责任印制：常天培
北京华联印刷有限公司印刷
2017 年 4 月第 1 版第 1 次印刷
145mm×210mm・4.5 印张・186 千字
标准书号：ISBN 978-7-111-56419-5
定价：39.00元

前　言

　　我在建立自己收纳风格的过程中非常重视一件事，那就是要选择"和自己、和自己的家相搭配的东西"。在这一点上，室内装饰与时尚搭配是一样的。

　　我从小就喜欢收拾家，喜欢对家里的东西进行整理，
也曾经以整洁为目标进行过收纳，
从那时起我就开始思考，为什么总感觉自己做的收纳和整理是那样的不协调，
是哪里有什么不足吗？

　　几年前，我想要处理好"家务""育儿"和"工作"之间的平衡关系，就是从那时起，我一边探索之前觉得不足的东西，一边开始了真正意义上的整理和收纳。
　　从中我意识到了曾经无法明确说出的"为什么要选择这个""为什么要将其收纳在这个地方"的理由。
　　还有一点，就是我明白了"必须要重视的是什么"。
　　我之前的收纳方式是：在物品的选择方面不考虑使用的持久性，仅重视外观，不从曾经的错误选择中吸取教训，也不考虑自己的力量就勉强进行收纳和整理。
　　自从那时起，我才找到了总觉得整理不协调的原因，从此我仿佛掌握了诀窍，整理和收纳的技能得到了飞速的进步。
　　我认为自己找到了真正适合自己的收纳风格。

先大致定好物体的摆放位置，之后可以在生活中不断更新其摆放位置，将"不便"变为"便利"。

若觉得有些东西不好拿，或是用起来不顺手，那么就去改变它的收纳空间或是收纳的方法。

随着自己以及家人生活方式的变化，整理收纳的方式也要随之更新。

若是这样一直坚持"不勉强自己""形成有道理可循的收纳风格"的话，我们的生活空间就会自然而然地变为整齐的收纳空间。

通过自己的努力，让家一点点变得漂亮起来是一件令人开心的事情，

不仅是自己，这样做的话也会博得家人的欢心；得到家人的夸奖，自己也会非常开心。

若是自己从中感到了快乐，就会变得更加自信，就会想去整理"下一个空间"，那么家中让人感到舒适的空间就会越来越多，收纳和整理也会变成令人快乐的事情。

当然了，这其中一定会有失败。但也正是由于不可能一直成功，所以从失败中我们才能学会如何自己亲手营造让家人快乐的生活环境的生活技能。

在这本书中，我会一边列举自己过去在收纳和整理中犯过的错误，一边告诉大家我从中看到、学到的东西，以及我自己在选择收纳用品和决定收纳空间时所关注的东西。

另外，我也尽量详尽地收录了在博客中得到大家强烈反响的收纳技巧以及事例。

在 Part6"为了保持整齐的收纳"中，我还写了觉得一定要让读者们了解的内容。

现在回头想想，正是因为有失败和弯路，我才会注意到这些事情。

希望这本书能够给拿起它的读者们带来长久的帮助。

希望这本书中有一个或者很多个让您觉得"眼前一亮"的创意。

希望这本书能够成为带您走向理想生活的近道。

2014 年 5 月

Mari

品牌索引

品牌名	中文译名	品牌简介
FEILER	费勒	德国毛巾品牌
MAWA	玛万	德国品牌
CRISTEL	可利锅	法国品牌
Le Corbusier	勒·柯布西耶	法国品牌
arabia	阿拉比亚	芬兰品牌
Koko	可可	阿拉比亚品牌下产品名称
iittala	伊塔拉	诞生于芬兰小镇的品牌
Aino Aalto	艾诺·阿尔托	伊塔拉品牌下的产品系列名称
Kivi	基威	伊塔拉品牌下的产品系列名称
Teema	蒂玛	伊塔拉品牌下的产品系列名称
American Crafts	美国工艺	美国品牌
DYMO	达美	美国标签打印机品牌
THE LAUNDRESS	洗衣妇	美国品牌
Salvo	撒鲁勃	品牌名称，具体不详
Mahalo basket	马哈罗筐	品牌名称，具体不详
MoMA	摩玛	品牌名称，具体不详
Satellite bowl	卫星碗	摩玛品牌下产品名称
Deco Lace	德科·蕾丝	品牌名称，具体不详
PP		品牌名称，具体不详
Daiso	大创	日本百元店品牌
COLOR LIFE	色彩生活	大创产品名称
Orange	百元店橙子	日本百元店品牌
Seria	塞利亚	日本百元店品牌
u-ni-son	尤尼松	塞利亚产品名称

品牌名	中文译名	品牌简介
DULTON	德尔顿	日本杂货品牌
Ideaco	创意可	日本品牌
Francfranc	弗朗弗朗	日本家居时尚品牌
LUMINARA	卢米娜拉	日本呼吸灯品牌
DINOS	迪诺斯	日本品牌
IDEA LABEL	创意标签	日本品牌
James Martin	詹姆斯·马丁	日本品牌
ARTISANT & ARTIST	工匠与艺术家	日本品牌
DURHAM	达姆	日本品牌
Favore Nuovo	尚新	日本品牌
Loft	阁楼	日本品牌
Mel Queen	梅尔女王	阁楼品牌下产品名称
Mark's	马克	日本文具品牌
MUJI	无印良品	日本品牌
野田珐琅		日本品牌
squ+		日本品牌
くらしのららら	酷享生活	日本品牌
IKEA	宜家	瑞典家居品牌
KASSETT	卡赛特	宜家品牌下产品名称
LJUDA	露达	宜家品牌下产品名称
RIBBA	丽巴	宜家品牌下产品名称
SKUBB	思库布	宜家品牌下产品名称
UPPTÄCK	尤塔卡	宜家品牌下产品名称
Umbra	安柏	时尚家居品牌
Trenta Album	特伦塔相册	安柏品牌下产品名称
ALESSI	阿莱西	意大利品牌
Firenze	费兰兹	阿莱西品牌下产品名称
Kartell	卡特尔	意大利创意家居品牌
mon-o-tone	梦欧堂	网上商店品牌名称，具体不详

目　录

第 1 部分
大收纳空间的使用创意 ············· 001

第 2 部分
在百元店淘到的收纳用品 ············· 027

第3部分

利用日用品店的经典商品
收纳物品的创意 ········· 047

第4部分

叠放、列放、平放等，
按照各种物品的特点收纳物品的创意 ········· 073

第 1 部分

大收纳空间的
使用创意

客厅中的大收纳库、厨房的吊柜
和步入式衣橱等大的收纳空间,
需要分块搭建收纳的框架,以营造出统一感。
每个收纳空间都要采用相同规则的容器选择方法和收纳的方法。

Ideas for big strages

在大的收纳空间中，
也要根据生活的变化不断更新收纳方法

我的家是一座有着 17 年房龄的二层独栋小楼。

1 层有客厅、餐厅、衣橱、盥洗室、浴室和厕所，

也就是说日常生活中的各种必要活动在 1 层都可以完成。

2 层是孩子们的房间等私人空间。

如今从生活必需品的数量上来看，我的家中并没有出现收纳空间不足的问题，

实在是难能可贵。

但若仅仅如此，而不把必要的东西放在最合适的地方，

或者是在物品拿取的时候无章可循的话，

那么生活就很容易变得混乱、也会增加好多额外的物品。

因此，我首先考虑，在大的收纳空间中，每一个地方放什么会让生活的过程更加顺畅，

再来决定大致的收纳场所。

然后在实际生活中，去改变收纳场所和收纳方法。

就是在这样的重复中，一点一点地把"不便"变为"便利"。

那时，最能作为参考的就是家人的意见。

正是由于家人是生活在同一个空间中，所以从家人那里才能知道

生活中最好的收纳空间是在哪里。

本章我会将我家客厅的大容量收纳库、厨房的柜子、玄关旁边的衣帽间、玄关和冰箱的门全都敞开，向大家介绍我是如何使用这些空间的。

厨房

衣橱

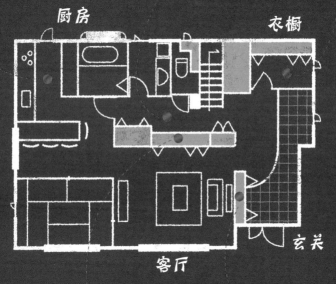

玄关

客厅

Living Room

客厅收纳

图片中是客厅里的大容量收纳空间。

上面安装的是推拉门，在不用的时候就会将其关上。

里面使用了各式的收纳容器。

宽约 225cm　高约 245cm　深约 43cm

重点 1

统一隔板的位置

对于可移动式架子要尽量使横着的隔板统一在同一个高度。这个空间是根据被收纳物品的特征选用各种收纳用品进行放置的场所，通过统一隔板的高度，可以使这个场所看起来非常利落。无论是衣橱或是门厅，里面的鞋柜也要这样将横着的隔板统一高度，使其看起来整齐利落。

重点 2

大容量抽屉的收纳

图片中的柜子是以无印良品的 3 种抽屉为基础组合而成的。凑巧的是，这个柜子正好可以被横着分成 3 个部分，在生活中，我一边考虑放在里面会使生活更便利的东西，一边购买适合放那些东西的抽屉，于是就形成了现在的格局。抽屉式的收纳用品，如果放在稍微低于使用者胸部的位置，就可以非常容易地看到里面的内容，同时也可以非常顺畅地开关抽屉。

Living Room

重点 3

选择适合放置物品的收纳用品

茶蜡的烛台等放在一起很重的东西要用较硬材质的收纳用品来装。因为是容易碎的东西，所以里面要放一些缓冲材料，但不要只是装在里面就完事大吉了，而是要怀着"一定要好好保管自己心爱的东西"这样的想法来进行收纳。

重点 4

活用留白的空间

我家的架子上有一些恰好可以放入如无印良品的抽屉一样的收纳用品的空间，但也有一些空间不够放收纳用品而空着。出现这样的情况时，我并没有勉强将其他的收纳用品塞入空白处，而是选择"留白"，什么也不放。如果今后有什么自己喜欢的装饰品时可以放在空白处，即可作为收纳也可作为装饰。恰到好处地留白不但不会给人以压迫感，还会给内心留出一些空间。我认为整齐的状态是"美"，什么也没有的空间也是一种"美"。

Closet 衣橱收纳

　　在 1 楼的楼梯旁边有一个小的衣橱，这里收纳的是当季的服装。

　　2 楼收纳的是过季的服装。这个房间外面是连接浴室和厨房的走廊，孩子们在这个空间里准备早晨出门的衣着。

重点 1

用衣架可以节省空间

衣服的收纳要尽量利用衣架挂满整个衣橱。挂着收纳无论从选择衣服还是放回衣服都比叠着收纳要顺畅。正是因为这样，我想要尽量多的用衣架进行收纳，于是我统一了衣架的种类，并选择了薄的衣架。若您更严谨的话，可以选择控制好衣架的间隔，以便于寻找衣服和选择衣服。

重点 2

我喜欢用这 3 类衣架

（从上往下）裤装用衣架（梅尔女王 / 购买于阁楼），薄衣架（玛万女士衣架 36 号），腰带用（也可用于腰带装饰物）衣架。无论是哪一种，我选的都是可以横着挂、看起来非常精致的衣架。其实不仅是外观，衣架的选择还要满足一些实用功能，如上衣即使有较大的开口也不会滑落，在裙子上不会留下挂痕以及可以紧紧夹着衣服等。最终选择了图片中的 3 种。

Closet

重点 3

下面一层放带有盖子的大盒子

　　我家的衣帽间长度较长，所以前面并没有很大的空间，若在衣橱里安装抽屉的话会占用更多的空间，打开抽屉也会不方便。因此，我选择了向上打开盖子就可以看到收纳在里面所有物品的箱子，作为放一些时尚单品的收纳空间。

重点 4

竖着对包进行收纳

　　包的收纳不借用分隔板，而是竖起来排成一排进行收纳。为了让包可以自己立起来，里面可以装入作为包装而销售的无纺布巾着袋。巾着袋里可按照图片那样装入纸质的包装材料（可利用网购时装入纸箱里的缓冲材料）。我通常会准备大小两种尺寸的巾着袋，根据包的尺寸选择。

Kitchen 厨房收纳

　　厨房旁边的柜台式桌子就是我家的餐厅空间。桌子的下面虽然也有一个比较深的收纳空间，但是秉着"不将物品收纳到手探不到的地方"这个原则，我并不会将过多的东西塞入其中，而是会严格对物品的数量进行管理。

重点 1

使用频率高的物品要放在
水槽周围

　　以水槽为中心，周围的上下柜子里以及中间的抽屉等便于使用的收纳空间，要优先定为收纳餐具、调料和厨房工具等使用频率较高的物品的空间。

重点 2

控制餐具的颜色和数量

　　我家的餐具 80% 都是白色的。大多数是设计非常简单的类型。成套的餐具是餐桌装饰的基础，我喜欢通过变化餐桌上的小装饰品或是餐巾纸、餐桌垫等来享受不同的餐桌装饰。有色彩的餐具或是花纹极具个性的餐具，不建议成套购买，因为仅仅是单品即可在简单的餐具中成为主角，所以即使没有很多也可以享受到其所带来的快乐。

Kitchen

重点 3

厨房里不一定只收纳
厨房用品

厨房背面的架子上，也会放一些不在厨房使用的物品，这些物品放在这里可以让家人的生活更加顺畅。我家的生活是以厨房的台子为中心，所以离这个中心越近越要有使用便利的收纳空间。不要在厨房"仅收纳厨房用品"，我认为选择收纳空间时考虑"把东西放在某个地方会不会使生活变得更加便利"更为重要。

重点 4

库存的食品要竖着收纳

我将食品统一放在一个地方进行保存和管理。为了拉开抽屉后就可以看到所有的食品，我采用了"站立收纳"的方式。对于抽屉中较大的收纳空间，我会用几个收纳盒将其细分。将家里保存的食品进行一目了然的收纳，那么在制作"购物清单"的时候也会更轻松！由于库存的食品在受灾的时候也可以用到，所以在管理上一定要注意使用的便利性。

Refrigerator 冰箱收纳

重点 1

空出中央部分

我总是会将冰箱的中央部分空着不放任何东西。如图所示，我会将中央部分作为锅临时进行冷藏保存的空间，或者是在收到了需要冷藏的礼物时使用，再有就是在端上桌前对沙拉等需要在食用前冰一下的食物进行冷藏时使用。

重点 2　门左侧收纳无法灌装的东西

冰箱左侧门下面的 2 层是我收纳不能进行补充灌装的食品的空间。比起将形状和颜色都无法统一的东西随便摆放，不如将其都收纳在一起看起来更整齐一些。

重点 3　门右侧放可以灌装的东西

冰箱右侧门的架子上，将相应的东西灌装到合适的容器中进行收纳，看起来会很整齐。我将使用频率高的东西都灌装到瓶子里，这样也会增加使用的便利性。

重点 4　蔬菜室要敢于采用黑色的收纳盒

为了使冰箱里面看起来非常的清洁，我都选择了白色的收纳盒，唯独蔬菜室我选择的是黑色的收纳盒。因为黑色可以反映出绿色、黄色蔬菜的鲜艳色彩！可以让蔬菜看起来非常新鲜，充满了活力。

重点 5　选择可以清楚看清余量的透明容器

经常使用的粉料、浓汤宝块和黑芝麻之类的东西我都保存在冰箱左侧门第二层上的收纳盒中。不能断掉的这些调料在管理上要一目了然，这样的话使用起来会更加便利。

Entrance 玄关收纳

玄关中横向统一了隔板的位置，这种收纳的结构可以放下大号的鞋盒。因为我尽量把鞋的数量控制在最少，所以无论是什么东西，只要想放到这个空间中，都可以被轻松地放入。雨伞我也利用这个空间进行收纳。

重点 1

除了鞋以外，
（也要留有一个放收纳盒的）空间

从上到下分别是客人用的拖鞋，装着鞋油等工具和自行车锁、印章等物品的丙烯盒，以及孩子们骑车用的雨衣。需要拖鞋时，无须从鞋柜中取出，因为我将4双拖鞋并排放在了最上面的一层。

重点 2

将雨衣装入便携式电脑包

我将孩子们的雨衣都放入了装笔记本电脑的包里。这样的话，若外面下雨，则可以从中取出雨衣；若感觉要下雨，那可以带着电脑包一起出门。将其放在这里，使用起来非常便利。（宜家 尤塔卡）

Entrance

重点 3

将鞋盒统一

当季的鞋可以从鞋盒中拿出摆放在外面，过季的鞋我都将其放入了同样的鞋盒中。这也是我的收纳规则"根据使用频率进行收纳"的一个体现。这样做可以以"现在"为基准，收纳鞋子的空间也可以做到取放便利、选择便利。

重点 4

折叠伞横着收纳

折叠伞可以横放在盒子里面。出门时发觉今天可能要下雨，可以随时从中取出后放入自己的包中！孩子们的雨具也一样。我会考虑拿取的便利性然后再决定其收纳的地方。

My Interior Style

我家的装饰风格

我以白色作为装饰的基础色，将黑色作为主色调，根据季节和场景的不同，会补充一些有其他色彩或是亮点的装饰物来进行装饰。

占有很大面积的墙壁、窗帘以及家具我选用的都是简单的白色，将其作为如画布般可塑性极强的装饰基础。沙发是从网上购买的柯布西耶的 LC2 的仿制品。桌子和橱柜等纯白色的家具选用的是 UV 加工的迪诺斯产品。为了能够简单地就对装饰风格进行变化，我经常会在一换季就上新品的弗朗弗朗选购靠枕套。

（柯布西耶沙发 勒·柯布西耶 / 购买于乐天"沙发工坊"）

　　我喜欢的装饰品大都是统一了色彩和品位的东西。若是按照这样的规则选择物品的话，所有的东西都会得到被展示的机会。

　　（左上图）厨房里挂着的表是阿莱西的"费兰兹"。这块表已经连续被使用了15年以上，我还是一根筋似的非常喜欢它。（右上图）摩玛的卫星碗里装入水果后，既可装饰又可起到收纳的作用。即使就这样放在那里也能成为如画一般精致的物品。

　　（左下图）这是在祝贺我著作首次出版时收到的珍贵的可以夹便签的置物架，我也将其用作装饰。（右下图）华贵典雅的靠枕套也可以成为装饰的亮点。这个购买于弗朗弗朗。

女儿房间里的家具，除了无印良品的床以外，全部都是在促销时购买于弗朗弗朗的产品。我并不是一次性全部购买，而是一点一点地一边看房间的布局一边购买。若可以从孩子们喜欢的颜色中选择一种的话，可以将其作为他们房间装饰的基础而使用，对于孩子们来说房间就会成为让他们觉得舒心的空间，营造房间的统一氛围也会简单一些。

　　以白色为基调的女孩子房间不会让人觉得甜腻，非常理想。我会和女儿一起享受选择家具和装饰物的过程。

My Favorite

　　我经常使用外文书或是人造花作为装饰，特别是将几本外文书横着叠放在那里，上面再放一些装饰物。我非常喜欢这样的装饰方法，于是会经常将其运用在日常生活中。人造花也会成为装饰的主色调，我通常在宜家或是弗朗弗朗选购。

第 2 部分

在百元店淘到的
收纳用品

想要并列摆放几个收纳用品的时候，
即使是隐藏式收纳我也会选择同样的收纳用品。
百元店的商品物美价廉，
在我的家中得到了广泛的使用。
我的方式是，
即使价格低我也会认真搭配使用。

100 yen shop items

商品 01

有盖子的大盒子
【大创】

色彩生活 置物箱

因为每一个只需要 100 日元，所以即使买 12 个也只需要 1200 日元。在每一个盒子上贴上标签，然后等间隔放置的话，看上去既美观又整齐。

在水槽上面的吊柜里，我一共放了 12 个带有盖子的盒子。为了拿取方便，我按照类型分别放入了在厨房中使用的一些杂物。盒子本身是塑料材质的，很轻，而且放在里面的也都是些分量轻的物品，所以即使放在高处，拿取也很顺畅。想要拿出里面的东西时，首先要把那个盒子拿下来，这一点很重要。

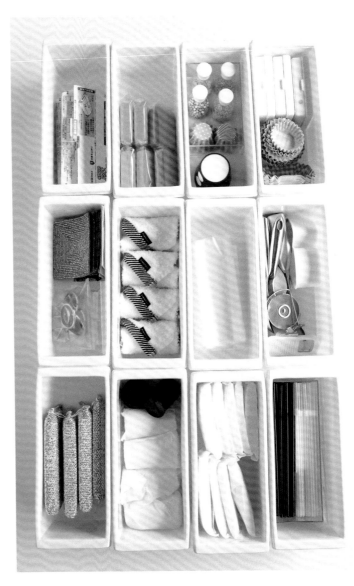

　　12 个盒子里所装的东西从上面左起开始依次是：用于微波炉的烤鱼盒 / 厨房用固体肥皂 / 烤制点心的用品（银色糖豆等）/ 便当用品（小叉子、小零食杯、分隔叶片）/ 餐桌装饰物（杯垫、卡片支架、餐巾环）/ 擦手巾 / 冷冻、冷藏保鲜袋 / 使用频率低的厨房工具（饭团模型、磨刀器、披萨刀、做蔬菜饼的工具、冰激凌勺等）/ 厨房用海绵 / 自由空间（这个空间就是收纳想放在厨房里，但又不知道该将其放到哪一个分类的空间中，或者是当时没有空间可以收纳的保存容器等的临时收纳空间）/ 吸收废油的垫子 / 使用频率低的筷子、吸管

商品 02

有盖子的小盒子
【大创】

即使是浅的抽屉也可放置！尺寸大小合适，若收纳时是按照种类区分的，则在取用必要物品时非常便利可以将整个盒子取出。

由于是以黏土盒子来进行销售的，所以在买回来的时候上面还贴着可爱的标签，后来我用通过计算机制作的标签将其取代。厨房背面大约和人腰部高度差不多的抽屉里，放着 8 个这样的盒子。里面收纳的虽然不是厨房用品，但都是些收纳在这里可以让使用更便利的东西。我运用的这种摆放方法，可以轻松拿出最里面的盒子。抽屉的空白空间作为备用，可以放相机或是摄像机，拿取便利。

收纳在黏土盒子里的是螺丝刀等小尺寸的工具、电池盒、备用钥匙和螺钉类等。曲别针以及买衣服时附带的多余的纽扣等又细又小的东西被分类装在有密封口的塑料袋里进行收纳。下面的图片是黏土盒本体和盖子分开被用作收纳盒的例子。里面放了 3 个无印良品宽26cm、深度 37mm 的抽出式 PP 塑料盒。我家用它来收纳宽胶带、打包胶带、双面胶带、色彩喷剂以及打印机墨盒。

商品 03

文件盒
【大创】

CD、DVD 盒子 /A4 文件盒

由于重量轻，所以即使放在较高的场所，拿取也很便利！收集很多这样的盒子然后分别贴上标签使用的话，就可以营造一个美丽的收纳空间。

在厨房背面大约和人视线高度相当的吊柜里，我根据收纳物品类型放了几种盒子。盒子的尺寸有两种，一种是较窄但较高的，一种是较宽但较低的。有些物品我会直接放入盒中收纳，而像电灯泡或是又短又细的线等物品则要先装入封条袋后再用盒子进行收纳，我也会将常用药根据种类放入白色的盒子中，有时也会用文件盒进行竖向的收纳。

　　（左上图）简单的组合式文件夹，不用的时候可以像图片中那样平置。（右上图）收纳在较窄但较长的盒子里的是电灯泡、照相机及摄像机的充电器、常备药和小尺寸的充电器等。（左下图）厨房经常会用到的夹子统一放在这里。（右下图）宽且短的文件夹里，我会放入水电费以及关于各个卡片信息的票据。我也会放一台计算器在里面，作为"家庭财务管理套装"。除此以外，还有一个盒子里放的是病历、常用药清单等，这是"医院套装"，万一身体不舒服或者是急于就医的时候，我们不需要乱翻家里的各个角落，就可以顺利并且顺畅地就诊。

商品 04

透明的各种小盒子
【塞利亚】

尤尼松 透明水晶盒
透明盒

这是轻巧灵便的万能收纳盒。

因为这种盒子有很多的尺寸，所以可以根据实际情况对其进行多种使用以更大限度发挥该盒子的作用。

在我家中使用了塞利亚的"尤尼松透明水晶盒子"和"透明盒子"这两个系列。比丙烯盒子更轻的玻璃制透明盒子，由于其尺寸丰富，所以可以细分收纳空间，增加使用的便利性。我们可以灵活运用"透明水晶盒"深度较浅这个特征，将其用作美纹纸胶带的收纳。透明盒子的收纳可以保证一眼就能够看到自己想要的东西，方便取出使用。

（左上图・左下图）在收纳使用频率高的文具的抽屉里，为了可以将物品继续分类，我使用了这样的盒子。里面收纳的是为了记载保质期以及内容的标签、日历用的彩色标签、乱码保密印戳、零钱、装钱用的信封和美纹纸胶带。（右上图）冰箱中用笔筒对切片奶酪进行收纳！（右下图）前文也提过可以将其中的笔盒两层叠放，用来收纳吸管以及平时使用频率低的客人用筷子。就像前面图片显示的那样，将两个系列各不同的收纳盒按照数独那样组合起来放入收纳的抽屉里。因为盒子是透明的，所以即使收纳的是高度不同的东西，整个空间看起来也很清爽。

塑料的小盒子
【大创】

冰箱的收纳要选择可以透气的盒子，所以我选择了横向有开孔的种类。

这个盒子横向有开孔，但正前方是一整个平面，当像图片中那样被放在冰箱里时，因为看不到盒子里面的东西，所以感觉很整齐。另外，在盒子上贴分类标签的时候也由于其是平面的所以可以贴得非常美观。我家使用了该系列的 3 个种类的盒子，选择的都是与收纳空间相匹配的尺寸。这种盒子还有一个优点就是前面带有拉手，拿取非常方便。

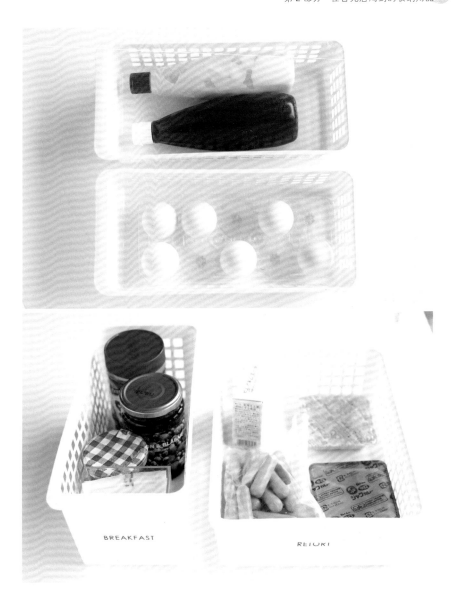

BREAKFAST

REIORI

（上图）由于没有高度空间可以收纳竖着的蛋黄酱和番茄酱，并且为了避免色彩的泛滥，我将其横着放在了盒子里。10 只装的鸡蛋盒子可以直接放入，做饭的时候可以直接取出。（下图）左侧是高度较高的类型。里面放着吃早餐面包时用的果酱和切片奶酪。右面放着的是距

离保质期还有一定时间的东西和已经开封了的东西。当临近保质期的时候我就会将其放到上一页图片中第 2 层的托盘上，为了避免食物过期我会从"隐藏收纳"变为"可视化收纳"。冰箱中使用的收纳用品我选择白色，这样可以使空间看起来更加清洁和整齐。

有把手孔的小盒子
【塞利亚】

卡特莱盒

　　这是一个纯白的、清洁感十足的盒子。可以在盒中铺一层餐巾纸，然后放入薯条等零食，它就变成了一个小的餐具；也可以放入供客人用的手巾，然后将其放在洗手池或者卫生间里；此外，除了作为收纳用品以外，也可以用于其他方面。盒子的四个角是圆形的，形状非常可爱，即使家里有小孩也可以安心使用。盒子也有黑色的，除此以外还有几种尺寸不同的盒子，因此可以根据想要放入的东西来选择收纳盒。

　　便当用的保冷剂以及保存用的保冷剂我都会定量放在这个盒子里。左边的盒子装着从制冰盒里取出的家庭用冰块。我不会直接就用这么大的盒子，而是将其分开，这样拿什么东西都很便利，孩子们非常喜欢这个风格！无印良品的宽 26cm、深 37cm 的"PP 抽屉式盒子"里放了两个这样的小盒子。（下图）图片中是收纳外用药的使用例。

商品 07

托盘
【大创】

树脂托盘

小尺寸的托盘可以活用于整理冰箱中的食品。

因为是光滑的树脂材料，所以无论是水洗还是用除菌剂来清理都很容易，生鲜食品等也可以用其来进行整理，也不会弄得很脏。直角的造型非常简单而且易于放入冰箱中，收纳食品后看起来非常整洁。利用这个托盘还可以将放在上面的东西便利地整盘拖出，用起来非常顺手。若是想放入大一些的东西，可以将放了东西的托盘三个叠放在一起以节省空间，它们在叠放起来时只占用很小的空间，这一点让我非常喜欢。

放在托盘上的是装着做好的小菜或是腌肉腌鱼等的保存容器（左图1），还有豆腐、纳豆之类的常备品（左图2），以及鱼或是肉等买来时保质期就较短的东西（左图3）。即使是没有放在托盘上的东西，若已经接近了保质期，我也会将其移放至托盘内。这样，我就把托盘又当作了一个放置临近保质期食品、以免浪费的收纳空间。

商品 08

迷你小盒子
【大创】

遥控器盒

可用于深度较浅的空间和隐藏式收纳！看起来非常整洁。

这个尺寸的盒子百元店不常有。它是一个造型简约现代且质感光滑的盒子，原本是用来收纳遥控器的，所以在买来时里面会有透明的小隔断，但可以被轻松地拆掉。这个盒子平面非常多，所以即使贴尺寸较大的标签页也没有问题。我觉得这是一个非常适合根据自己的喜好进行定制化改造的商品。

（左上图）我将一些容器放在了冰箱右侧门的空间，作为放入可补充物的收纳空间。同样放在这个空间的是和珐琅容器质感相似的这个盒子。想要拿出放在其中的东西时，需要将整个盒子都拿出来，但因为重量轻，所以拿取都很轻松。（右上图）在我家，管装的香辛料或者是需要冷藏保存的药品都会被放入收纳盒中进行隐藏式收纳。一般尺寸的管装香辛料如果斜着放在里面的话可以全部隐藏起来。

商品 09

细长型托盘
【大创】

简洁收纳 狭长空间使用的收纳盒

深度较深的地方也不能留下死角。将不一致的东西进行分类收纳的话也可以产生统一感。

图片中展示的是进深在 30cm 以上的浅型细长收纳盒。因为这个盒子带有提手，所以在拿取的时候非常便利。我家的厨房里有很多收纳空间的进深都很深，为了避免对空间的浪费，可以使用这个盒子。

（左图片）上部设计是宽口的玻璃杯，如果按照普通的收纳方法放的话是不可能放入 4 个的，但如果正反交替放置的话是可以放在这个收纳盒中的。（右图片）小尺寸的餐具或是由于被摔碎了而数量减少了、不成套的单品，都可以像图片中那样进行收纳，使其能够看起来有序统一。

商品 10

有分格的大盒子
【塞利亚】

可灵活创造分隔空间的可移动式设计。根据想放入东西的尺寸，设立分类盒！

由于是直角造型，所以能够直接放入收纳空间中，简单地进行整理收纳。该设计为可移动式分隔设计，可根据收纳用品的尺寸随意改变分隔空间，自由进行组合。我觉得这个盒子的优势就在于无论想怎样改变其用途，都可以简单做到。

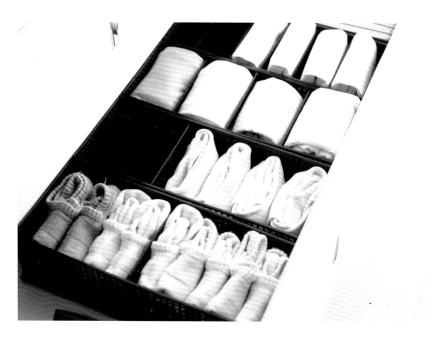

我家的抽屉里通常收纳的是孩子们的内衣、袜子、手巾、袖珍面巾纸等。因为平时也不是将所有的都放在里面，如果叠起来竖着放置的话，若没有分隔，那些材质柔软的衣物就会倒下来。但如果使用这种带有分隔的收纳盒，将里面的空间分成若干个更小的空间的话，就不会有这种压力了。

商品 11

有密封口的塑料袋
【塞利亚】

这是我家最廉价的收纳用品！尽量多的准备各种尺寸，收纳在无印良品的抽屉中。

这种塑料袋我通常会用作收纳螺钉或者纽扣这类特别细小的东西，或是用来分类整理衣物以及旅行时打包使用。因为我家经常把这种塑料袋用作各种用途，所以保存了各种尺寸的袋子。我喜欢用的是比较厚而且尺寸丰富、密封口部分非常结实的"塞利亚的带有密封口的塑料袋"，而且经常会去买。这个商品无论在哪一个塞利亚都有放置，所以购买非常方便。

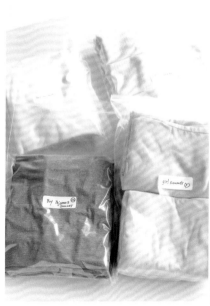

（左上图）是孩子们换季的内衣。上面贴着写有"夏物""冬物""BOY""GIRL"等标签，根据季节来更换衣橱里的东西。（右上图）用于收纳装饰物。我之所以要买各种大小的袋子，是想将东西尽量都装到符合它们尺寸的塑料袋里，这样在收纳的时候就不会显得特别臃肿，在收纳空间中也可以放入更多的东西，从而对空间达到一种最高效的利用。

Make it
more comfortable!

让收纳更加舒适的附加小商品

　　这里要介绍的是我在百元店发现的，可以让收纳更加轻松，并且使用起来毫无压力的物品。

　　只需贴在既有的收纳容器上，放在空着的空间即可，非常简单就可以做到的事情。

　　仅需做一点加工，就会进一步提升家中收纳的便利性。

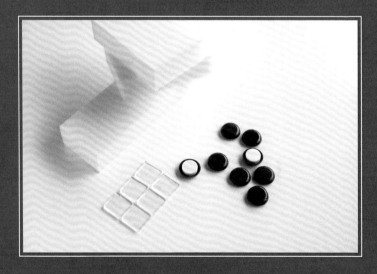

　　图片里展示的是大尺寸的树脂海绵，以及贴在家具等的下面、使移动更加方便的商品"平滑底座　S号"（塞利亚），然后是作为防灾用品销售的"防振粘贴垫25cm×25cm　6枚装"（塞利亚）。

可以让放着重物的箱子轻松移动

之所以在收纳杂志用的文件箱下面贴这个，是因为即使里面放满了书，变得很沉也可以顺畅地来回移动。只需贴上这个，拿出和放回文件箱就会变得容易。在无印良品的丙烯盒子下面贴上这个东西，可代替防划痕海绵，在轻松拖动的同时不会对收纳空间造成损伤。

完全贴合牢固粘贴，不会错位不会倒

图片中是用无印良品的丙烯CD盒叠放而做成的收纳塔，为了不让叠放起来的盒子产生错位我用透明的、毫无存在感的"防振胶垫"代替了胶水。因为可能之后这个盒子还要挪作他用，所以我选择了一个不会对盒子本身产生划痕的东西。

抽屉内的缝隙完全消失

当抽屉中放入收纳用品后，总会留有一些空间，如果一直那样的话，打开和闭合抽屉时，里面的东西就会来回错位，在这些缝隙里填入树脂海绵后就不会这样了，当您再次打开和闭合抽屉时，就不用担心收纳用品的位置是否发生了变化。放置树脂海绵时要注意，一定要将海绵剪裁的比计划放入的空间稍微大一些。

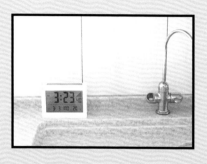

My Favorite

　　我在厨房里放了一个创意标签品牌的电波表。除了可以显示时间以外还可以显示年月日、星期、温度，非常实用。我喜欢这个表四角形、现代感十足的造型。

（创意标签 丙烯双动能电波表）

第 3 部分

利用日用品店的经典商品
收纳物品的创意

我喜欢无印良品、宜家、野田珐琅等人气商店
或是品牌的收纳用品。
这些品牌的经典产品有着各种尺寸，可以一边用一边买，
也可以计算大概需要多少，
根据生活的需求一点一点将其买回家。

Items of MUJI,IKEA etc.

无印良品

各种聚丙烯盒子、抽屉式收纳盒

可以根据想放入的物品尺寸进行定制化！大容量也很实用。用这个构建自我的收纳空间。

我想将收纳用品严丝合缝地都放入到客厅的大收纳空间中，所以选择了这个尺寸恰好合适的，宽26cm、深37cm的抽屉式收纳盒。根据想放入其中物体的尺寸，我组合了"浅型""深型"和"细长型"三种类型。无印良品的抽屉，随着我们生活方式的变化，即使所拥有的物品数量发生了变化，也可以通过重新组合继续使用。若数量不足，我们也可以随时进行补充购买，非常方便。经典商品的一个魅力就是我们可以安心持续对其进行使用。

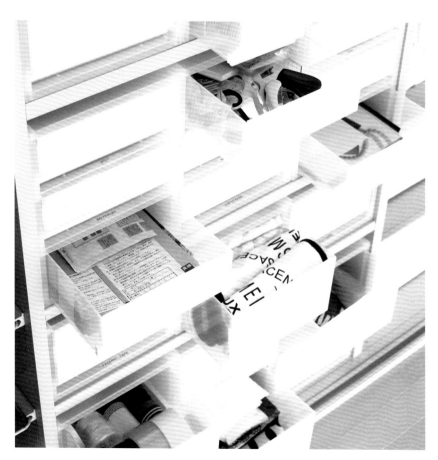

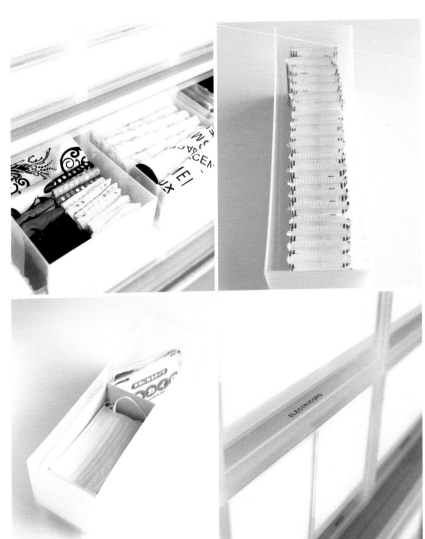

　　（左上图）用于轻松改变室内装饰效果的靠垫套是我的收藏品。我用了 3 个深型的抽屉，然后控制自己所拥有的靠垫套数量使之正好能放满整个抽屉。（右上图）利用细长型抽屉，我可以竖着对小包装纸巾进行收纳。（左下图）细长型抽屉的尺寸也正好可以用来收纳口罩或是一次性暖宝。口罩的收纳从卫生的角度考虑，可以整盒放入。（右下图）我用打码机制作的标签对不同的收纳盒进行了标记，在贴标签的位置方面我下了一番功夫。我并没有将标签贴在抽屉的正面，而是贴在了整个收纳空间靠近边缘的部位。打开和闭合抽屉的时候，由于我们会站在抽屉的正前方，所以贴在那里更容易看到，从正面又看不到标签，显得非常利落！我会更进一步将抽屉的正面贴上白色美纹纸贴纸，这样的话抽屉里的东西就完全看不到了。

049

无印良品　聚丙烯盒子

孩子们书桌旁的抽屉。我将两个浅型 3 层的盒子摆在一起，并在其最下面一层安装了专用的小脚轮，这样移动起来更加方便。在我儿子的房间里也有这样一组抽屉，他在睡觉前会将其移动到床边，用作床头柜。因为移动起来非常方便所以不会造成清扫的死角，孩子们也非常喜欢。

商品 02

无印良品

聚丙烯的衣服盒

过季的衣服收纳。我将"浅""中""深"三种尺寸的盒子进行组合，放入了壁橱中。若是对抽屉内的空间也进行分类的话，用起来会更加便利。

抽屉内部我用宜家的思库布来进行分类，然后可以竖着对想叠起来的过季衣服进行收纳。为了使衣服的整理更加容易需要下功夫的一点是，选择宽度和进深相同但高度不同的 3 种抽屉，按照高度从浅到深的顺序由上而下将 3×3 共计 9 个抽屉进行组合，组成这样一个可以对应不同类型衣服的收纳系统。

手套、围巾等可以收纳在最上面的浅型抽屉里，T 恤或是针织衫等薄的衣服可以放入中型抽屉中，再大一些厚一些的衣服可以收纳在深型的抽屉里……若是根据各种衣服的特征准备了不同深度的抽屉的话，衣服就不会被埋在下面，而是一目了然。

抽屉的里面我用宜家的思库布进行了分类，这样在拿换洗衣服的时候，可以将盒子整个拿出，非常便利。

和客厅中使用的抽屉一样，衣服的收纳我也采用了看不到内容的隐藏式收纳法，在这里我将宜家的"露达"餐具垫裁剪后插到了抽屉里面。

无印良品

丙烯系列

意外发现将收纳的"不便"变为"便利"的方法是非常开心的！

造型美观的收纳用品。

为了使空间更清爽，看起来更美观，必不可少的就是丙烯材料的收纳用品。使用方法不仅局限于其本来的用途，还可以自由发挥想象，竖着、横着、叠着等，将收纳的"不便"变为"便利"，开创更加个性化的使用方法。在我家中，丙烯的收纳用品被广泛用在了厨房、卫生间、客厅、鞋柜等几乎各个场合。

　　（P52 图）进深较深的细型抽屉，在被拉出的时候，里面放着的东西容易倒，于是我用了带有很多"小房间"的带隔板收纳盒，这样的话就可以达到"不会动""不会倒"这样毫无压力的收纳。（上图）用于灌装的橄榄油和胡麻油，因为被装在较高的容器中，所以我用了大号带隔板收纳盒。若是尺寸较大的容器可以将隔板取下后装入。盐、胡椒等使用频率较高的调味品是放在较低的容器中的，所以我选

用的是小号带隔板收纳盒。容器的高度大概比收纳盒要高一倍左右，这样的话既可以保持平衡，也可以方便拿取。（下图）吹风机一类的物品我放在了卫生间的深型抽屉里，抽屉里我放了两个丙烯收纳盒，根据物品的不同进行收纳。由于这种收纳盒有一个一个的小隔间，所以物品即使随意地放入其中，也不会看起来很乱，整理的时候无须花费太多时间。

商品 08

无印良品　丙烯系列

（P54 图）多层深型丙烯盒的"格"和"抽屉"要分开，仅用"格"来做成 3 层的、用来收纳小号盘子的塔。放在它右面的是用几个丙烯 CD 收纳盒制作而成的多层收纳塔。它是将打开的那一面作为正面叠放而成。（左上图）指甲护理类用品的收纳，我用了"丙烯纸巾盒"，在里面我用到了塞利亚的透明盒进行区分。（右

上图）用于收纳小号盘子的丙烯盒的 3 个"抽屉"，我也会将其用于收纳鞋柜里的杂物。（左下图）使用频率较低的刀叉等，我用多层丙烯带隔板架进行整理。（右下图）中号盘子的收纳我用丙烯分隔架，将两种餐具分别放置在架子的上下两层。

无印良品

文件盒

直角造型不会对空间造成浪费。

收纳物无法被看到，做到隐藏式收纳，适用于各种立式收纳。

文件夹是一种没有凹凸、有着理想造型的收纳盒，四角为直角，可以贴合收纳空间，不对空间造成浪费。图片中展示的放入客厅收纳空间的是 8 个文件盒。上面一层收纳的是水瓶，CD 和 DVD 的收纳盒、使用说明书和便携式 DVD 播放器。下面一层的 4 个盒子里收纳的是杂志，定期会发来的小册子及产品目录，受灾时可以获得信息的电话簿，以及所居住地区发的小册子等。

（左上图）我对杂志的数量是有要求的，那就是正好可以放满规定好数量的文件盒中即可。关于处理时剩下的几页以及特辑的整理方法在 P80 页中有记载。（右上图）厨房橱柜下面的深抽屉中混合使用"普通尺寸"和"宽幅"两种文件盒对抽屉中的收纳空间进行分类。学校发下来的通知、可以被即时使用的纸巾等，我都放在这里，以便于使用。（左下图）"普通尺寸"的文件盒里竖着收纳着水瓶。（右下图）洗面池下面并列放着 3 个"宽幅"文件盒，分别放着"浴室用品""清洗用品"和"直接使用的非替换物／其他物品"。那里是遵守"用一个买一个"原则来对库存物品进行管理的场所。

商品 05

宜家

收纳箱
思库布

四角安装有坚固的支撑，即可使用于收纳被子，也可以摞着放置。

在 2 层的推入式壁橱的收纳空间中，我使用的是思库布系列产品对被子及毯子进行收纳。为了匹配家中的装饰色彩，收纳箱用的也是黑白两色。思库布采用的是尼龙材质，非常轻便，设计也很简约。不用时可以将其折叠后放置，非常便利。我买了同系列各种尺寸的收纳箱，将其组合起来放置非常整齐。这类整理箱可以营造空间的统一感，时尚感十足。它不仅可用于收纳床品或是衣物，也可用于一些你意想不到的场所！

（上图）思库布"收纳箱"中竖着收纳着棉被和外出时孩子们用的毛巾、供客人用的毛巾等使用频率较低的东西。因为箱子上有提手，所以上面可以挂着用信息卡和丝带做的标签，里面放了什么就一目了然了（P90）。（下图）以前是放在思库布"收纳盒"中对其内里进行区分的"分格小盒"，我试着将其放在厨房的浅层抽屉里，居然也非常合适！

我将扫除时使用的常用消耗品分别收纳在小盒中，使用起来变得更加便利了。妈妈教会我的一个简单折叠塑料袋以便于收纳的方法我将在 P102 进行介绍。

宜家　收纳盒 思库布

思库布的"六件套"也可以用于衣橱内叠放区的整理。这个空间之前放的是从百元店里买来的黑色文件盒，但因为阳光无法照进这里，是个较暗的空间，而我希望营造一个明亮的空间所以改用了白色的收纳用品。上面一层的"有内置分格的收纳箱"因为空间已经被细致地区分开，所以可以分门别类对内衣进行收纳。（右图）下层的 5 个盒子里竖着收纳着我喜欢的费勒的毛巾手帕、吊带背心和居家上衣等。

商品 06

宜家

相框
丽巴

立体的东西也可以放在里面！除了修饰照片以外，想想其他的装饰用法也非常快乐。

以前我都是将饰品摆在底盘（餐具）上进行收纳，最近我将它们都一个一个地放进带密封条的塑料袋里，然后像图片中那样放在两个 25cm×25cm 尺寸的丽巴相框上。丽巴是可以自己立在那里的相框，但也可以将其放倒后当作托盘进行使用。放在里面的东西与相框之间有一些空间，所以可以将其用作展示盒那样梦幻的收纳用品。我也会将其用作其他展示的基础，家里有黑白色各四个这样的相框。

宜家

**有盖子的大盒子
卡赛特**

宜家的经典商品！可用于多目的

精致外观

装饰性收纳盒

　　图片中是便于分类的、带有标签槽的轻量纸质收纳盒。这是一个有 4 种尺寸的简单组合式产品。由于它带有提手，所以无论是搬运还是拿取都很方便，是宜家的经典、热门商品。我非常喜欢其在白色基底色上搭配银色配色的设计，非常有品位。这个盒子中可以放入细碎的杂物，使用起来非常便利。这组产品可以并排放，也可以摞起来放，其实只要将其放在那里看起来就很精美！因为是直角的盒子，所以可以严丝合缝地放入收纳空间中。

　　（上图）客厅的最上层并排放着 6 个 21cm×26cm×15cm 的盒子。虽然比较厚，但由于是纸质的，我收纳的都是轻质的东西，所以在将其放在高处时，拿取也很方便。（下图）放在这里的盒子中，有一个被我用来收纳带花纹的纸巾。其他的盒子里收纳的大多是包装用品，需要保管的、和工作相关的东西，不常拿出来的东西等。

　　（P63 图）在女儿房间的白色橱柜里，放着最小尺寸的收纳盒。白色的盒子与女孩子房间的装饰非常相符，作为"装饰性收纳用品"，里面放着细小的私人用品、图章类以及清扫用品（清洁器的替换用品和垃圾袋）等。

商品 08

野田珐琅

**白色系列
矩形盒**

纯白色的精美保存容器，可以收纳冰激凌、果汁冻、腌鱼、腌肉等食物，在我家的厨房里经常出现。

我选择野田珐琅的产品作为我保存食品的容器。野田珐琅有一个最大的好处就是不易串味。而且我还非常喜欢它温润的质感以及满溢着清洁感的纯白色。盖子非常容易开合，使用时毫无压力。由于这个容器价格很高，所以要避免买不便于使用的尺寸。在日常的生活中，我会根据需要一点一点进行采购。因此，我所有的野田珐琅容器都是只能用在已经固定好了的地方。

（左上图・右上图）深型 S 号的盒子里正好可以放下一块 225 克的黄油，因此被我用作黄油收纳盒。被用来当作沙拉配菜的奶酪碎我也放进了深型 S 号的盒子里进行收纳。在正方形 S 号的盒子里，我放入了梅干、酱菜、芝麻海带等配饭吃的小菜。因为这些容器的外观本身也非常精美，所以可以直接端出放在餐桌上。在这些收纳盒上，我都会贴上写有"内容"和"放入日"的标签（塞利亚的无痕标签），然后收纳在冰箱右侧的门框里。（左下图）收纳提前做好的小菜、腌肉、腌鱼等的容器，我会将盒子和盖子一起收纳在炉灶旁边的架子上，随时等待被拿出食用。因为数量少，所以将其与盒盖一起放置的话，使用时更方便。（右下图）味增料也用野田珐琅的产品进行收纳。之前想选择带有提手的那种，但由于收纳空间狭窄所以最终选择了不带提手的。

尚新

有盖子的大盒子

纯白且造型时尚，可堆放，盖子开合顺畅。

图片中是一个造型简洁且时尚的收纳盒。正面的大平面空间，可以在并排摆放的时候贴上大号标签，制成自己喜欢的收纳盒。客厅电视柜下面的空间我就用了这样的收纳盒，并将电脑制作的大号标签贴在上面（下图）。打开盒盖的操作非常简单，单手即可完成，这也是我喜欢尚新商品的一个理由。

　　（左上图）衣橱的下面，放了 4 个 L 号的盒子。从左至右分别是孩子们的时尚小物品、小袋子和不易变形的袋子、我的时尚小物品、小袋子和不易变形的袋子。（右上图）我家的衣橱属于横长形的，如果安装抽屉的话打开时前面必须留有一定的空间。所以，我采用了图片中那样只要掀起盖子就可以看到收纳物的盒子。因为有盖子，所以即使放在离地面近的地方也不会落入尘土。（左下图）在儿子的房间里我用的是黑色的 M 号收纳盒。小的玩具和一些能引起回忆的物品我会分门别类放入这里。标签上我使用了字母，看起来更有男子汉气概（P92）。（右下图）21cm×26cm×15cm 尺寸的盒子我会用来收纳圣诞节的装饰物。装饰物可以放在 2 层的空间里。

squ+

内置箱

可以完全放入普通尺寸箱子里的、轻质柔软的收纳盒。

在我家里，用白色的箱子在洗衣的空间中搭建了一个收纳场所。在普通尺寸的箱子中完美嵌入 L 号的内置箱，与白色的墙壁浑然一体，看起来非常整齐，因此我非常喜欢这两件收纳用品的组合。

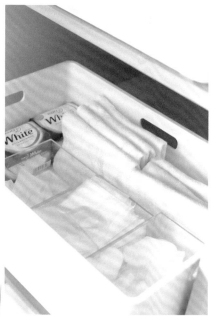

（左图）最下面一层是需要洗的衣物（贴身衣物），中间一层是毛巾、抹布、手帕等不是特别脏的东西，另外也可以用作放置准备要洗的衣物的收纳筐。最上面一层放的是晾衣服用的衣架和衣服夹。（右图）洗脸池的收纳空间中我用的是 M 号的收纳盒，用于对清扫用品

和香皂等物品进行收纳。为了能从大的收纳空间中快速取出想要使用的东西，我将塞利亚的透明盒子（P34）进行了分格。这个收纳盒使用的是轻质材料，接触面也很柔软，所以我觉得用来收纳小孩子的玩具非常合适。

商品 11

PP

内置筐

充满现代感的造型，可选择黑色。兼顾设计感、实用性和装饰性的收纳筐。

这个筐的四角都用铁丝进行支撑，所以有一定的强度，由于是直角的设计，所以可以完全嵌入收纳空间，不留下任何的死角。可以将细小的日用品装入带密封口的塑料袋后竖着放在里面，也可以将各自需要洗的分体睡衣放在里面，总之由于其容量很大，所以可用于各个方面的收纳。

（左图）在客厅的大收纳空间中我用了 9 个这样的内置筐。在统一为白色的收纳空间中使用黑色的内置筐，通过引入主题色彩，可以使得空间有一种收缩感。（右图）图中收纳的是平时在百元店会重复购买的日用杂物、清扫用品（大创的迷你纸杯、塞利亚的厨房用海绵等）。通过带密封口的塑料袋来区分物品并竖着收纳其中（P43）。收纳在里面的东西可以从上面一目了然地被看到。

商品 12

酷享生活

餐具托盘

其魅力在于充满光泽、爽滑的质感。
可以根据收纳空间的大小进行组合。
自由度非常高。

　　将这个托盘放在厨房抽屉中用于整理餐具是毋庸置疑的，我还将其用于餐厅桌子下面的抽屉中来分类和整理文具。托盘的内侧也非常圆润，所以曲别针或是订书钉等非常细的东西也非常便于取出。

　　图片中展示的就是餐厅桌子下面收纳着"使用频率高的文具"的抽屉。里面像拼图似的放着 XL、L 和 S 尺寸的文具，通过组合将抽屉中的死角控制在最少。另外，考虑到放入物品的大小以及取用的便利性，我也会用心来选择托盘的尺寸。放在这个托盘里面的有剪刀（剪纸用以及剪裁布或是丝带用）、两种尺寸的美工刀、订书机、修正带、胶棒、尺子、几支笔、体温计、指甲刀和卷尺。夹子类、订书钉和皮筋等因为经常会用到，所以将其分别收纳，活用了 S 号的托盘进行个别的整理。

商品 13

达姆

多用途套件

最适合分类收纳细小的东西!

随意摆放，可以竖着放也可以横着放。

占用空间小，

所以摆放方式自由自在。

　　在我家经常会使用这个多用途套件以及和其非常相似的大创的"白色印章盒"，由于现在商店已经找不到这样的商品了，所以图片中借用的是用于放书籍、但尺寸和外观等都比较类似的收纳盒向大家进行介绍。

　　（左图）医院开出的药品，我会根据药的种类进行整理。大创的文件盒里竖着正好可以放入这样的 7 个盒子。（右图）这个盒子的尺寸用于整理便当的叉子以及分隔彩纸最为合适。我会将其竖着放入厨房吊柜上有盖子的盒子中（P29）。

My Favorite

图片中是女儿房间里作为枕边光源使用的吊灯风格的台灯。是几年前从附近的杂货店用很便宜的价格买来的东西。即使在不用开灯的白天，当有光照在上面的时候也会闪烁着五彩的光，非常漂亮。

第 4 部分

叠放、列放、平放等，按照各种物品的特点收纳物品的创意

根据收纳物品的特征，比如像毛巾一样柔软的东西、像锅或是平底煎锅一样坚硬的东西，采用不同的整理方式的话，
拿取都会变得非常顺畅。
也许整理的时候会花一些时间，但"取出的时候会非常顺畅"。
整体来看，这样的整理方法会减少收纳的时间。

How to keep idea

叠放

当使用频率高且相同的东西有很多时，我会采用叠放的收纳方法。

我的方式是：毛巾类从下补充，从上开始使用。

毛巾或是抹布的收纳我采用的是"叠放"的方式，洗完后我会叠放到最下层，然后使用的时候直接从最上层拿取，非常方便！这样的话，每一块毛巾被用到的频率都是均等的。同时买的 10 块浴巾，使用这种方法收纳的话更换时间也比较接近，那么就可以判断出大概什么时候需要进行下一次的采购。因为总是 10 块一起更换成新品，所以我的心情也仿佛会得到了更新！

（左上图）可利锅是我钟爱的一款产品，我已经用了 10 年以上，我采用套放的形式，即使在很小的空间也可以放得很紧凑。在我家，尺寸不同的 4 个锅和锅盖是分别放置的。平底锅我选择的是轻便且价格便宜的大理石涂层产品。为了使用起来更方便，我家中有 24cm 深型、浅型的锅，炒锅等，尺寸虽然各不相同，但收纳时正好可以很好地被叠放起来。（右上

图）看起来像书一样的书形收纳盒若和外文书一起堆放起来的话，即使在小空间内也可以发挥收纳和展示的双重作用。（左下图）用于放做好的小菜或是腌肉腌鱼等的保存容器（P64）盖上轻质的盖子后被简单地收纳在吊柜中。（右下图）洗脸时使用的毛巾采用的是对折后叠放的收纳方式。

列放

从正面看去对摆放了什么物品一目了然！
从前方可以顺畅拿取。

　　相同的东西整齐摆放的样子，看上去就会有一种美感，若想让混合着各类不同东西的空间更加充分地被利用，并且看上去又非常美观的话，就要在排列摆放的方法上下一些工夫了。在我家比较深的收纳空间里采用的方法是将使用频率较高的玻璃杯或是马克杯等，像下面的图片那样，从前往后竖着将相同的东西摆成一列。

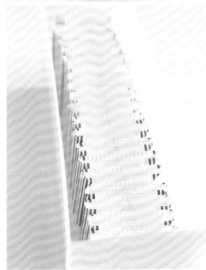

（左上图）使用频率低的玻璃杯或是零散的小餐具等，我会将其分别放入托盘中摆成一列。（右上图）图片中是收纳着存放粉状调料的相同容器的深型抽屉。盖子上贴着分类标签，通过这样的摆放，即使将其收纳在离地面很近的抽屉里，也可以一目了然地知道里面装有什么东西。（左下图）小包装的纸巾我也采用了列放的方式进行收纳。我家总是购买 20 包一条的优惠装纸巾，然后竖着放入客厅里无印良品的抽屉中进行收纳。（右下图）咸盐、胡椒等使用频率高的调味料以及做饭时使用的橄榄油、胡麻油等也都分别放在瓶中，收纳在炉灶旁边的较窄的抽屉里。无论是什么调料，由于使用的都是透明的瓶子，所以通过颜色就可以知道里面装的是什么。另外由于是摆放成一列，所以可以一眼看到所有的瓶子，这样也可以更加容易地找到需要的那一种调料。

平放

奢侈地利用空间进行收纳的方法，表现的是一种对自己珍视的物品的喜爱与在意之情。

若某个空间中只放入了一小部分东西，那么在这个空间中可以采用随手放置的收纳方法。这种收纳方法可以随手放置，也可以像下图展示的那样，若是一个浅型的抽屉，那可以利用托盘等将内部的空间进行"分隔"，然后通过将同类的物品放在一起的方法，使得宽敞的空间看起来更加整齐。虽然这种平放的收纳方法是"奢侈地利用空间进行收纳的方法"，但也是最能表达出"对自己珍视的物品的喜爱之情"的方法。下图展示的就是将无印良品的 5 层式丙烯抽屉活用为托盘，并在其底部铺有人造革垫布的范例。

（上图）展示的是洗面台上，统一放置牙具的空间。上面铺着的是在为了遮挡无印良品半透明抽屉时也用过的、剪裁后剩下的宜家隔垫（P51）。即使不是像托盘一样的形状，哪怕是平面，但只要用了具有视觉冲击力的条纹，也仿佛可以感到平面上有了分格，放在上面的东西也有了统一性，看起来非常整齐。（下图）展示的是将大号收纳盒的盖子上下逆转，用作

托盘的实例。也是当找不到自己喜欢的托盘时活用装饰性高的盒盖作为托盘的方法。在家中干活时一定要将图中的托盘放在旁边，里面放着的东西会让工作进行得更加便利。我其实对这个托盘做了一个再加工，就是将塞利亚的黑色蕾丝垫（树脂材料）和"带胶嵌板"组合而成的东西填充在其底部，制成了这个我喜欢的托盘。

直接放

无论是取还是放，通过这种方法可以使很多东西的收纳变得快乐起来！

经历了很多次例如分类过细、形成非常花费精力的收纳风格而导致之后收纳工作变得更加耗费精力的失败以后，我在很多情况下都转而使用这种收纳方式。那就是将种类区分后，将物品直接放入某个位置的简单整理法。仔细想来，这样不费精力的直接收纳法非常便利，非常令人开心。当我意识到这一点后，花在整理上的时间减少了，与之相对可以供我自由支配的时间增加了，这是多么令人兴奋的事情！

（P80 图）展示的是将杂志中自己喜欢的一页或者是特辑的那些页剪下来，对折后放置在书型收纳盒中的例子。其实我自己也逐渐意识到，新的信息会不断涌来，我们很少会再去翻看过去的东西，于是自己也放弃了这种资料的整理工作。（左上图）是我家使用的书型收纳盒。上面的黑色和下面的白色盒子购买于弗朗弗朗。中间的是装着商品的盒子。（右上图）里面装的是按照我的习惯保存下来的过去 2 年的贺年卡，上面只是用橡皮圈区分了"年"和"人"。（左下图）孩子们在学校用的成套的彩笔，我将其从各个盒子里拿出来重新做了整理收纳。（右下图）七夕等节日时可以活用作红包等有着可爱的颜色及花纹的折纸，与正方形的盒子正好匹配。

找东西容易，取放顺畅。
留有空隙的放置是使用便利的重点。

我认为竖立放置的优点就在于容易找寻物品以及保证取放的顺畅。（左图）使用频率较低的餐具的收纳场所，一般都在需要弯腰才能够到的抽屉里等较低的地方，因此收纳方面我想尽量轻松一些，于是采用了竖立放置的方法。无印良品的有隔断的丙烯盒，可以将物品整理得非常有序，虽然是杂乱无章的东西但看起来非常整齐精致。

（左图）非常容易散开的叉子等被竖着收纳在丙烯盒中。带有水钻的小叉子购买于乐天（德尔顿·钻石叉）。（右图）厨房工具我想和放在炉灶背后的锅以及平底锅等收纳在一起，因此竖立着将其进行收纳。我所拥有的工具都经过了严格地选择，每种用途的工具只留下了一件。

便携式

可以将带有提手的包或是筐拿到想要使用的地方，活用为"可移动式收纳空间"。

在每天不同的安排及时间中，比起化妆时间的长短我更在乎的是能否在自己想化妆的地方开始装扮自己，因此我并不会给自己规定必须在化妆台或者是营造一个固定的收纳空间，而是选用便携式的化妆盒对我的基础化妆工具进行收纳。将使用目的相同的物品收纳进手提包型的收纳包中，就可以做成一个"可移动式收纳空间"。这种方法也可以用来对无法决定使用空间的物品进行收纳。

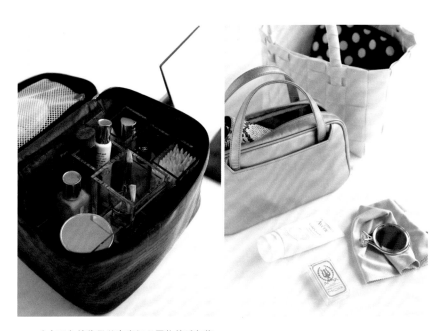

　　（右图）就像是装有出门必需物的手包似的，我和女儿都有这样一个小包，里面装着我们在家中会使用到的物品。我的小包里装着护手霜、唇膏等个人护理用品以及小镜子、眼镜、手机等。女儿的包里除了个人护理用品及镜子、手机等外，有时也会放入点心、单词本等生活和学习所需要的东西。（工匠与艺术家）
　　从 1 楼的客厅到厨房周边，以及在自己房间里的时候，女儿都会带着装有她所需物品的小包，用起来非常方便。

Unique Ideas

独特创意

用不是收纳用品的东西进行收纳的创意

子弹杯

美观的收纳用品

  我将百元店里出售的子弹杯用于小叉子的收纳。子弹杯的敞口式设计以及其高度都非常适合小叉子的收纳，用起来得心应手。

乳液瓶

不便于收纳的、没有用完的糖珠可放在装化妆水的小瓶里

  旅行时用的分装化妆水的小瓶，将其内盖取下后，可以收纳装饰用的糖珠。买回糖珠后如果直接使用，经常会出现将糖珠倒出过多的现象，但若将它们装入瓶中，则可以轻松地倒出自己想要的量，非常便利。由于瓶子是透明的，因此从外面看起来也非常可爱。（旅行瓶套装／百元店橙子）

品牌纸袋

**只要看上一眼就会提高
情绪的大品牌标识**

大品牌的购物袋，虽然设计非常精良，但大多数情况下我们只是将其放在那里而不进行利用。实际上可以将它用作收纳用品或者是装饰物。图片中展示的是将其用作纸巾盒的创意。这样对纸巾进行收纳后，直接拿到餐桌上，当有客人来访时，就可以用来招待客人了。

烛台

非常适合收纳棉棒！

　　小号的烛台可以用来收纳棉棒。放在靠里位置的那个银色烛台里面的是塞利亚的婴儿用棉棒。这种棉棒比起普通的棉棒棉头要小一些，因此用来清理缝隙的灰尘以及吸取容器缝隙残留的水分时非常方便，我会将其收纳在厨房水槽上方的吊柜里。（P14）我将买来时的整个盒子直接放入了烛台中。用来清洁面部的棉棒都放入了伊塔拉的基威系列烛台中。

手提包

不常使用的手提包也可用于收纳或是装饰

　　可以将仿真花放入手提包将其活用为花瓶，冬季也可以像图片中那样收纳手套或是披肩。可以将披肩一条条都卷起来立着放入包中。由于放在里面的东西都是可见的，所以在找的时候非常便利，也很节省时间。

盘子与相框

用底盘或是大盘子、相框等做成"框体"的装饰性收纳

作为餐具使用的底盘或是大盘子，也可以作为临时放置饰品、钥匙、手机和手表等物品的收纳空间。在精美的马克杯边缘随意地搭上一些耳环、项链什么的看起来也会非常精致。图片中白色的装饰性相框是大创的商品，将其横着放在那里可以作为"随手放置收纳"（P78）的托盘。使用频率比较低的蛋糕盘也可以这样被活用。

墙上的白花是弗朗弗朗的商品。一朵花直径大概有 23cm 左右，装饰在平面的墙上会使墙面变得华丽起来，我非常喜欢这种"白＋白"的装饰。

第 5 部分

漂亮地展示门内布置的
创意

色彩的使用、收纳用品的购买、摆放方法等要有规则，
要在标签上下功夫。
通过思考这些只需花一点儿工夫就可以让空间看起来更精致的"展示方法"，
会使打开柜门时的心情变得好起来。

Good look idea

用标签营造统一感

选用标签的方法各式各样，我会从"是否适用于收纳的空间""是否容易粘贴""是否符合整体搭配"等方面来考虑，然后选用适合的标签。

例如收纳床品用到的宜家的思库布，由于其材料很难粘贴标签，所以我将迷你留言卡和丝带做成的标签绑在了其提手的地方。

（撒鲁勃 迷你礼物卡 5 枚装）

（左上图）宜家的卡赛特收纳盒上用的也是手写的标签。只需直接写上字就可以，所以制作这种标签很简单。还有一个优点就是对上面可写的文字数没有限制。（左下图）在冰箱中的保存容器上贴的是塞利亚的粘贴牢固且容易被取下的"无痕标签"，上面写的是将食品装入容器的日期。由于这种标签会经常更换，所以比起印刷而言手写更加便利。（右图）放着换季鞋的盒子上盖的是英文的章。"BLACK""RIBBON"显示的是表示鞋子特征的单词，这样的话对装在盒子里的鞋会产生直观的印象。

（木质盒章 字母 L）

手写与盖章

只需手写，只需盖章！简单轻松

贴纸

制作贴纸也是一种乐趣。
通过不同的粘贴方法体现
自己的个性！

（左上图）儿子房间的
大创收纳盒上用的是美国工
艺的标准标签。在黑底上贴
着白色的标签，对比强烈，
美观且易读。（右上图）我
也会使用这种市场上销售的
专用标签(标签纸／梦欧堂)。
（右下图）也可以用"达美"
轻松地在专用贴纸上制作出
字母压花的效果。粉色的机
型可以压制桃心或是星星的
形状，所以推荐使用在女孩
儿屋子里的标签。图片中展
示的是在水蓝色的美纹纸胶
带上贴一层透明标签的实
例。（压模打印机／达美）

（左图）带有盖子的收纳盒，可以在前面和后面分别用风格不同的标签，随时转换自己喜欢的一面。（右上图）例如像宜家的思库布一样不好贴标签的地方，可以灵活地使用双面胶。我选用的是金色的长尾夹，将金色作为主色调。（马克长尾夹·数字旅行生活/金色）

电脑与打码机

根据使用的场合，自由自在地选择色彩、尺寸和字体！

装着面粉和砂糖的透明容器上使用的透明加黑文字的标签，文字是用打码机做出来的。针对替换保存物时需要用水洗但是又希望保持标签完好的保存容器，可以用打码机制作耐水力强的标签。（右下图）有着充足的标签粘贴空间的书形收纳盒，我用电脑为其制作了大字体的标签。大的文字更容易阅读。

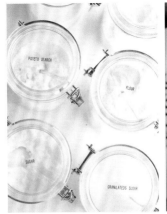

创意 **2** 将前面对齐

为了让物品看起来更精致，我们要选择"展示方式"；同样，由于收纳用品的摆放方式、空间的留白方式、色彩及外形的选择不同，也会产生不同的效果。

由于收纳用品也有着各种型号，所以当进深不同时，要将所有盒子的前面对齐，这样会使空间看起来更加整洁。

若颜色已经得到了统一，那么下一步就该考虑如何摆放了。

这是一个非常简单的让收纳更美观的技巧，请各位务必这样尝试一下。

客厅的收纳空间容纳了我家最多的收纳用品。因此除了统一收纳用品的颜色、将其数量控制在一定范围内之外，我还特别在意收纳用品的摆放方式。最上面一层的宜家卡赛特盒子就是等间距摆放着的，这样看起来更加整齐美观。

为了便于协调统一，并且方便寻找及取用，我将包横着摆放，但因为形状、尺寸、色彩等都不同，所以非常难以形成统一。不过，只要在摆放时从前面将其对齐的话，看起来就会更好一些。考虑将同色物品放在一起，或是根据物品的长短进行摆放等方式也是非常令人愉快的一件事。

图片中展示的是接近玄关的一处走廊的收纳空间。斑马纹的盒子以及中间白色的盒子，虽然进深各有不同，但统一对齐了前面，所以在打开门时看到的景象就会更精致一些。

将形状相同的物品放在一起

　　在同一个空间只对一种物品进行整理收纳。如要将客厅收纳空间那样的大空间中的架子分格，在一个格子里只对相同的物品进行收纳。因为将相同的物品整齐地摆放在那里的样子看上去非常美观，所以当我们发现了某种物品的时候，可以根据能够放入那个空间的数量进行购买。即使有空余的空间也没有关系，可以将其作为"自由空间"来收纳一些不知道该放在哪里的东西（P124）。

　　图片中是收纳过季鞋子的黑色整理箱。这类产品也有白色的，但考虑到要装入鞋子，容易弄脏，所以选择了黑色。

（整理箱 / 购买于乐天）

图片中展示的是将厨房用品分类进行收纳的大创置物盒（P28）。不要将这些收纳盒紧紧地贴在一起，而要根据收纳空间的横向距离将其等间隔摆放，这样的话左右之间都有空隙，即使将这些盒子放在高处，拿取也非常顺畅。

摆在女儿房间装饰架上的是宜家的卡赛特收纳盒（P62）。白色的家具里装着的是白色的收纳用品，这样的同色收纳看起来更加清爽。

抑制色彩和文字的泛滥

无论是在展示空间还是收纳空间，基本上我都用同样的思考方式进行物品的选择和摆放。

控制使用的颜色，抑制色彩的泛滥，将同样的收纳用品摆放在一起营造出统一感，为了营造这样的清爽空间，我有着自己的方式。

另外还有一种方式，就是对诸如写有"文字"的标签等文字信息也进行控制，尽量营造出让人觉得踏实和放松的空间。

图片中是用来保存粉状调料的容器。虽然这个空间里放着很多相同的容器，但由于使用的是透明的材质，所以不用标签也可以对里面的内容一目了然。从下数的两排放着的砂糖、小麦粉、淀粉等都是白色的，由于颜色相近，为了避免认错我在上面贴了标签。贴标签的目的主要是为了了解容器中的内容，所以我以"只在从外部无法了解内容的地方贴标签"为原则，来决定是否在容器上贴标签。如果要更换这些容器中的东西，瓶子是要再洗一次的，所以我选择了耐水的材料制作了标签。（树脂罐 圆形 L／青芳制作所）

图片中是收纳使用频率较高的厨房用具的抽屉。厨房用具的颜色都统一为白色，这样就抑制了颜色的泛滥。保鲜膜、铝箔纸、煎锅纸等由于都放在同样的盒子里，所以我在每一个盒子上面都贴了标签。标签上面只有文字。制作只有文字的标签比较容易而且省时。这个白色盒子上的标签是用电脑制作的。（创意可 保鲜膜盒 / 购买于乐天）

图片中这个设计感很强的相册里面放着的是孩子们从出生到现在的经典照片。虽然设计相同，但女儿用的是白色的，儿子用的是黑色的，通过颜色就可以区分，所以也可以不用贴标签。虽说这只是一个相册，但作为装饰也非常漂亮，我就是非常喜欢这种兼具装饰功能的收纳用品。我在整理照片时，常会想像将来等孩子们都独立后，将这些相册交给他们时的心情；也很享受随着他们年龄增长而逐渐增加相册数量的过程。（安柏 照片集 MARO ALBUM）

创意

5 做些遮挡

　　对于透明的或是半透明的收纳用品，若是将一些遮挡物放在其正面，让他人看不到里面收纳的物品的话，看起来会更整洁。

　　在我家的客厅收纳（P48）中，有各种各样用作遮挡透明收纳用品正面的材料，有从百元店买的画纸等便宜且简单的东西，也有印着我喜欢的花纹的织物材料。做些遮挡以后，不仅可以将收纳在里面杂乱的东西遮住，看起来更整洁，而且从制作这种遮挡物的过程中也可以得到一种快乐的享受。

（上图）将宜家的露达餐具垫裁剪后放入无印良品的丙烯衣物抽屉中作为遮挡。（下图）将人造革用作树脂材料收纳用品的遮挡。虽然里面装着各种各样的东西，但正面插入了这样的一张遮挡物，看起来就有统一感了。人造革厚1.2mm，而且选择的是质地柔软的材料，所以在插入收纳盒中以后和盒体的贴合度非常好。这些材料可以根据自己的需要随时剪裁使用。（人造革圣雷莫／购买于乐天的银河工房）

创意
6

将物品按照收纳空间的大小进行折叠

　　折叠的方法不取决于被叠的是什么东西，而是要考虑如何能放入想放入的空间，或者是如何能够整齐地放入收纳用品中。

　　物品的折叠方法以及整理的方法有很多，我们要从日常生活的各种信息当中学习这些技巧，然后亲自进行各种尝试，最后思考出适合自己的方式。

　　只有这样，我们才会提高折叠物品的技巧，进行更精致的家庭收纳，并能更加高效地完成家务。

　　决定了要把哪些衣物放入收纳空间之后，制作一些专用的纸模具（右图），然后将衣物按照其尺寸进行折叠。关于纸模具，我选择的是轻便的塞利亚的"带黏胶板"，然后按照收纳用品的尺寸将模具做好，放置在洗衣机的附近。具体的折叠方法，如图所示，先将纸模具

放好，然后将左右两只袖子按照模具大小折叠，再将衣服的下半部分向上折叠，最后将模具抽出即可。只要控制好宽度，折叠后的衣物就可以严丝合缝地被放入收纳盒中，这样心情是不是也会变好呢。

新塑料袋的折叠方法

因为我很佩服妈妈教会我的折叠塑料袋的方法，所以在学会后也用这种方法对塑料袋进行整理收纳。

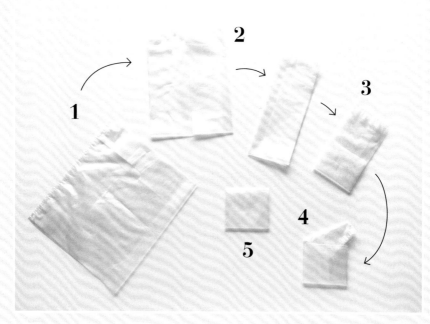

1. 将塑料袋平整好，然后将上下两部分从中间对折。

2. 竖着将其 3 等分折叠。

3. 横向再将其 3 等分。

4. 折叠一次后，将未折叠部分插入折叠后的部分。

5. 完成。

为了将塑料袋变得平整起来，有一个诀窍就是在折叠的过程中，不断地将里面的空气挤出。将塑料袋整齐地叠起来可以节省收纳空间。叠好的塑料袋竖着收纳在厨房的抽屉中，那里放着的都是可以在厨房使用的塑料袋。用同样的方法将塑料袋进行折叠的话，通过折叠后的尺寸也可以知道塑料袋的大小，用起来非常方便。

Against Earthquake

为了防灾（地震）

我家的防灾对策就是以备不时之需而准备的基础对策，我认为"一定要记着的事情"和"能够继续生活下去"是最重要的。在受灾时能起作用的物品我采用的大多是"滚动式收纳"的方式，根据正确的信息，采取适合我家的防灾对策。

餐具的收纳除了要考虑卫生以外，也要注意防滑，避免地震时餐具发生移动后摔碎了伤人，我在餐具架上铺了一层防滑垫。照片中的白色垫子简约而充满了设计感，推荐大家使用。可以根据收纳空间的大小将其进行裁剪，即使其破损了也不会影响它的防滑效果。（德科·蕾丝 餐具架用时尚防滑垫）

玄关旁边的收纳空间里放着每一个家人在遇到灾害时可以随时拿出来的背包。每年9月1日的防灾日时我会将里面放着的东西拿出来再检查一遍，比如食品是否过期。我会随时买新的来代替里面旧的东西以便其处于万全的状态。因为这个背包主要是为了防灾用，所以我选择了亮色。图片中象牙白色和粉红色的背包是从宜家购买的。里面的东西装好以后可以自己立在那里，所以我就这样竖着将其并排收纳在那里。（背包 尤塔卡 / 宜家）

　　图片中是洗衣妇牌的洗涤桶。洗衣妇商标标识的设计非常精致，所以它是可以作为装饰物的收纳用品。放在洗衣的空间里，有助于我快乐地做家务。（洗衣妇/洗涤桶 L）

第 6 部分

有助于快乐做家务、缩短做家务时间、节约开销的收纳创意

为了追求舒适而下很大的工夫进行收纳，
不仅是为了生活进行得更加顺利，
也可以营造更好的家庭关系，更快乐地做家务，
还能够节省时间、节约生活成本。
我每天都切实感受着良好的收纳带来的连锁反应。
接下来向大家介绍我为此付出的努力和创意。

Housekeeping idea

若种类繁多则根据使用频率进行收纳

在整理物品之前，有件事情是必须要做的，那就是根据物品内容进行分类。

若经常使用的物品和几乎不怎么使用的物品混放在一起的话，放在收纳空间中的物品就会非常多，而且因为有许多不怎么用的东西放在那里，所以找自己想用的东西就会变得非常困难，拿取也非常的不便。

因此，为了能将这种收纳方式长久地持续下去，要根据使用频率来改变"收纳场所"和"收纳方法"。

在我家中，餐具、文具以及厨房用具就是按照这种方式进行收纳的。

下图中左面这些使用频率较高的物品被放在了拿取容易的抽屉中，而右边使用频率较低的餐具则是竖着被收纳的。

由于是厨房用品，所以在区分其使用频率的时候有一个诀窍，那就是自己或者家人喜欢用的东西是经常会洗的东西。

我家偶尔也要将收纳空间里的东西进行更新。这样在日常生活中，随时将收纳空间里自己觉得有必要更换的东西进行及时更换的话，对于家中物品的管理也会变得轻松起来。

不做感觉无法持续的事情

在收拾家的时候要注意一件事，那就是收纳方式一定要简单，不需要事后再费更多的工夫。

我感觉这也是一个能够保持收纳好的物品不再变乱的收纳方式。

我自己经历过好多次失败，基本可以预测"对于自己来说，难以持续的事情"以及"之后会变得更加费工夫的事情"，所以从一开始我就不会做这样的事情。

考虑到自己的性格以及在有限时间内"想做的事情"和"不得不做的事情"的量，在了解了现实之后，基本上应该可以知道"从一开始就着手做的话，之后就会变得轻松的事情有什么""如果做的话，之后会变得更复杂的事情是什么"。

图片是洗面镜后面的收纳空间。因为这个空间是相对隐蔽的，所以护发用品直接可以用大包装，不用换装到小瓶里，用起来非常方便。

我想省掉买容器的成本（＝金钱），买容器或者更换容器所费的工夫（＝时间），而将这些都用在做自己想做的事情或者是陪家人方面，所以推荐这种"不以完美为目标的收纳方式"。

利用标签对收纳用品进行标识

我家的很多收纳空间中用的都是丙烯、玻璃和塑料等材质的透明收纳用品，因此，即使不用标签我们也可以知道里面装的是什么。

以前即使我知道里面装的是什么，也会在外面贴上标签，现在我希望自己的收纳方式是极力抑制"色彩的泛滥"以及"文字的泛滥"，所以这些透明的用品上都不贴标签了。

照片左侧的是收纳在厨房炉灶旁边的、使用频率较高的调料，因为是装在玻璃的容器中，所以通过颜色就可以知道里面是什么。但唯一有一点，那就是"盐"和"味精"，它们都是白色的粉末，但我没有采用贴标签的方法，而是改变了容器盖子的颜色。

照片右面的是使用频率较低的调料，用的是盖子上刻着调料名的罐子。

我也很喜欢那种没有必要另做标签而且各种尺寸都有的罐子。

除了透明的容器以外，一眼就可以看出来是什么或者是不贴标签也可以记得是什么，上面也不用贴标签，我的方式就是如何简单如何做。

事先决定可灌装和不用灌装的物品

虽然我也憧憬着把收纳的物品都灌装在相同的容器中，然后将其整齐地排列在收纳空间里，但我自己知道，这样做的话我是坚持不了多长时间的，所以我将那些物品分成了"需要灌装的"和"不用进行灌装的"。用来区别是否需要灌装的标准就是其"使用频率"的高低。

通过这样的区别方法，决定无须灌装直接拿来使用的是沙拉酱、烤肉酱、蛋黄酱、酱汁和番茄酱等。因为要灌装这些酱汁的话，处理起来很费事，所以我直接原包装使用。

类似于枫叶糖浆、葡萄醋、蚝油等使用频率较低的调料，我也直接使用原包装。

写着"危险，切勿混合"字样的东西，例如漂白剂等危险物品，我也不对其进行二次灌装。

是否选择灌装，每个人都有各自的标准，但我认为考虑到以后不会给自己带来麻烦的区分标准对于"形成可持续性收纳方式"是非常必要的。

05

放置在使用场所的附近

若只有自己下力气去整理家务，既辛苦，我相信也会很快达到自己的极限。

但是如果可以得到家人的帮助，那是再令人开心不过的了，更重要的是我也会变得更轻松。

我希望家人都可以维护家庭的环境，所以我采取了一个方法就是"将东西放在使用场所的附近"。

我在儿子的房间里放着的粘尘滚筒、滚筒的替换纸以及垃圾桶用的垃圾袋，都是只需一个动作就可以轻松拿出来的。女儿的房间也是一样。

放在我房间里的东西，如果让我感到麻烦或者碍事的话，我也会将其移到方便的地方，这样拿取也会顺畅一些。

其实不仅仅是孩子，我也将有着优良设计的无线吸尘器放在了一伸手就能够拿到的地方，这款吸尘器使用便利，不用考虑线的缠绕。

比起外观的整齐，我更关注使用的便利性，所以更优先考虑便利性来进行收纳摆放，当我想"嗯，干吧"的时候就可以马上采取行动了。

我认为这样做的话，减少了后续的工作，可以更好地维持室内的整洁，家务也变得轻松起来。

比起整理的便利度，
收纳要更关注取出时的便利度

买东西不是为了整理，而是为了使用。

在整理时，稍微花一些工夫，实现"时刻准备好被使用的收纳"，那么在取用时就会非常便利，这也是一个让家务变得简单，达到轻松生活的窍门。

例如，左面的图片是厨房中使用的清洁用品以及垃圾袋的收纳空间。

树脂海绵以及清洗油污的抹布我都是将其剪裁成方便使用的尺寸后进行收纳的。

我将垃圾袋一个个叠好摆在那里，使用时从上面直接拿一个就可以。

无论是什么东西，都可以在拿出来后马上使用，实现了"时刻准备好被使用的收纳"。

右面图片的抽屉里收纳的是一张张叠好的厨房用纸。

有时间的时候，或者是看电视的时候，可以将厨房用纸对折后摆在一起，使用时只需从上面直接拿取。

之所以我在抽屉中放了好多的小格，就是为了能够保证操作台有尽量大的操作空间。将厨房用纸收纳在抽屉中，那么就节省了在操作台上放餐巾纸盒的位置。

07

日常使用的餐具要选择万能的白色

在日常生活使用的餐具中，我更偏爱北欧的餐具（伊塔拉以及阿拉比亚）。恰到好处的厚度便于使用，光滑的质感完全符合我对餐具的幻想。

色彩我选择的是容易与料理搭配的白色，这样无论是日本料理还是西餐或者是中餐都不会显得冲突。尺寸方面为了能够盛放更多种类的料理，我选择了多种尺寸及形状的种类。

我买的大多是人气很高的经典款产品，所以即使摔碎了也可以再买回来，使用起来非常安心。

餐具的收纳可以用叠放的方式，这样看起来很清爽，成套收纳对于空间的节约也有帮助。

白色的餐具和其他餐具也很好搭配，所以不需要再另行准备日料、西餐等专用的餐具，也可以节约收纳空间。这样的餐具不挑餐品，是万能的。

伊塔拉 / 蒂玛直径 26cm 盘、伊塔拉 / 蒂玛直径 15cm 碗、阿拉比亚 / 可可直径 24cm 深盘、阿拉比亚 / 可可 0.5L 碗、阿拉比亚 / 可可 椭圆盘

选择收纳用品也要考虑其后期的维护

在购买西服或是家具等日常使用的物品时，除了要考虑实用性以及后期维护以外，还要考虑其材料和材质等再决定是否购买。其实购买收纳用品也是一样，我在购买收纳用品时一直也将其后期维护考虑在其中。

例如在厨房和冰箱中使用的收纳用品。

放在水槽旁边的收纳用品要选用即使湿了也很坚固的材质，更进一步若是收纳食物的用品，就更要既可以水洗，又可以用除菌剂等进行维护，综合考虑塑料制品是最理想的。

图片中是我家厨房使用的塑料制收纳用品和除菌剂（詹姆斯·马丁）。

如果有时间的话我也会进行清洗，但一般只是用纸巾沾着除菌剂进行擦拭。用酒精擦拭后马上就可以干，所以不用另行擦干，这样也可以节约清洗的时间。

不要局限于真的东西

每当到了一天结束的时候，我总喜欢悠闲地在沙发上度过夜晚的轻松时间。

点上一盏烛火，一边听着治愈系的音乐，一边读着书。

图片中并不是真的蜡烛，我用的都是 LED 蜡烛。

LED 蜡烛不用点火，所以家中即使有小朋友或是有宠物也可以安心使用。

我非常喜欢卢米娜拉的蜡烛，其点亮的效果和真蜡烛是一样的。

若是摆放很多的小茶蜡也可以营造一个治愈身心的空间。

客厅中的白沙发是仿制的某大牌沙发设计而成（P22），如果不追求品牌的话，通过寻找与真品相近的东西，也可以营造一个让自己心情舒畅的空间。所以我不会给自己施加购买的压力，而是从自己所拥有的物品中选择自己觉得最好的东西。

将高的东西收纳在下面，矮的东西收纳在上面

收纳用品也有各种特征。

例如有大的有小的，有方的有圆的。

若是再加上材料、质感的话种类就更多了，所以根据要收纳的物品以及放置的场所，我们可以从丰富的收纳用品中进行选择。

我对于收纳用品的选择以及收纳场所的选择有一个标准，那就是"将高的东西收纳在下面，矮的东西收纳在上面"。

若是将高的东西收纳在上面的话，在拿出来时容易失衡，而且容易让人产生压迫感，从视觉角度来说也让人觉得不协调。

举一个我家的例子，图片中是厨房，放重物的较高的米箱（左）和放较轻物品的较矮的大创置物盒（Thing case）（右）就符合我所说的高的东西和矮的东西。

米箱储藏在炉灶下面的收纳空间里，置物盒放在炉灶上方的吊柜里，这样的话打开柜门看到的样子也会让人觉得非常协调并觉得心里踏实。

有时可能我们看着自己收纳的东西，不知为什么总觉得不合适。

当有这样的感觉时，也许就是因为视觉效果不协调。

决定自己的物品持有规则

事先决定如何购入物品的规则，会使物品的管理更加轻松。

例如厨房中使用的工具，基本上是每一个用途的购买一个。

浴室的物品也是从家里库存的物品中取出一个再买一个这样逐一地购买。

这样循环式的购买方式可以让我们轻松地把握补充物品的时机。

图片中的纸巾和美纹纸胶带我采用的是在固定的收纳空间中"定量收纳"的方法，这样不会让储存在家里的物品过多，收纳方式也是一眼看去就知道有多少量的开放式。

我喜欢收藏的靠枕垫用的也是定量收纳的方法（P49）。

用工具制作可以锦上添花的收纳用品

我家现在住的是一栋已建好 17 年的老房子。

有越来越多的收纳空间不适合现有物品的收纳，也有一些空间觉得用起来不顺手。

图片中桌子下面的收纳空间就属于上面说的类型。

桌子下面的空间比较深，面积非常大，但很难加以利用，令我十分头疼。

我想到的方法是在里面做一个收纳架子来收纳小号的餐具。

我将几个无印良品的丙烯 CD 盒摆在一起做成了这个架子。

为了让摆起来的架子不会错位，我用百元店的小工具进行了改进（ P45 ）。

只需将小门打开就可以一个动作完成拿取，非常方便。

因为这个空间里放的大多是细小的东西，所以为了将压迫感降到最低，我采用了透明的盒子。

这样一来，令我头疼的空间变成了拿取所有的东西都非常便利的空间。

要用收纳的思路管理信息

在我的家中，会将家人月历贴在冰箱门上，上面记着每一个家人的日程安排，这也是一个方便家人间交流的方法。

家里也有一些地方用的是这种"可视收纳"，但若是只有在必要的时候才会用到的信息，我采取活用门背面空间的方法进行管理。

图片中展示的是家里固定电话上面的吊柜里的情况。

吊柜门里面贴着我用电脑制作的电话簿，在打电话的时候打开柜门就可以看到。

电话簿上记着的有孩子们的学校、常去的医院、培训班、经常一起玩的好朋友的家、美容院的联系方式以及家人和亲戚的手机号码，紧急时的燃气、水电公司的联系方式也在上面。

孩子学校的课程表贴在收纳教材的空间的门后面，这样在做上学准备的时候会比较方便。

用身边的东西进行装饰

我非常喜欢将不是装饰用的物品活用作装饰。

图片中是我将已经不看的杂志中自己喜欢的那一页撕下后装入相框里进行装饰的样子。

即使没有可以放入相框中的精致的绘画或是照片，也不用去买明信片，因为从杂志中可以发现许多适合装饰的页面。

我经常使用自己喜欢的奢侈品品牌的广告页面或是宣传页。

打算将杂志扔掉之前，除了剪下想留下的页面或是特辑以外，还要仔细想想，有没有哪一页可以用作装饰。

提前了解日常使用餐具的容量会更便利

图片中的是我家最常用的杯子，艾诺·阿尔托。

这个杯子的容量是料理常用的 200mL。

因此，想要做出 200mL 的量时不需要量杯，只需要这个杯子即可。因为这个杯子的使用频率非常高，所以我把它放在了一个便于拿取的空间里指定的位置，这样只要一伸手就可以拿到它。

家人有一道非常喜欢的料理，法式吐司，就是在 200mL 的牛奶中打入一颗鸡蛋，然后再放入适当的砂糖来制作蛋液，这时使用这个杯子就可以快速地进行操作。

若需要 100mL 的时候只需要倒入杯子的一半即可。

在客厅留一个放包的空间

从外面回来时，钱包、钥匙和放着个人用品的包，我没有直接放入衣橱中，而是在客厅桌子的旁边一角为它们留了一个空间。

当我在家时，大多数的时间是在厨房和客厅度过的，所以当我想用包里放着的东西时，可以顺手拿到，非常便利。

像图片中这样放包的话，包也成了装饰的一部分，自然而然就会涌出要珍惜这个包的情感。

图片中的凳子是我非常喜欢的卡特尔的产品，当它反射出从窗口进入的光线时会非常漂亮。

用自己的购物筐购物更节省时间

我的包里随时都装着塑料袋，我的车里也随时放着从网上购买的"塑料筐"（马哈罗筐）。

因为孩子的食量比较大，所以购买东西的量也会比较大，将塑料筐装满以后，直接拎上车运回家即可。

这样可以省去装袋和从塑料袋里拿出来的时间。

因为"购物筐"的存在，购物的时间得到了节约，真的非常好用。

制作世界上独一无二的个性菜谱

18

　　挑战制作自己没有尝试过的料理也是令人非常开心的一件事，但一旦忙碌起来便只能放弃这个乐趣。

　　这个时候，制作曾经做过的、并且得到家人好评的料理更让人心里踏实，所以我制作了一本集中了这些料理的个性化菜谱。

　　菜谱的外壳用的是精致如装饰品一样的精美相册。（安柏 特伦塔相册）

　　从杂志或是电视中看来的菜谱我就手写记录，从超市中得到的免费菜谱，我就按照菜谱制作，将做好的样子拍照，把照片放在上面，菜谱放在下面。

　　一开始菜谱中放的是想尝试着做的料理，之后会将制作费时的和自己做不好的从中剔除。

　　这样里面放着的就都是现实中可以实现的料理制作方法了，这本菜谱就成了"全部可以做到""适合这个家"的独一无二的个性菜谱。

提前预留好收纳的退路

每天早晨我都想做一件事，那就是将家中进行复位整理。

除了"复位家务"（洗衣、清扫、洗碗）以外，还要将各种物品放回到原来的位置，当"复位整理"结束后，看到物品都被收纳在了原来的地方，感到终于结束了的时候，其实才是真正开始一天生活的时候。

在每天的整理中最花费时间的是常会感觉"总有不知道该收纳在什么地方的东西存在"。

若想让家中看起来比较清爽利落，首先要做的就是让物品各归其位。

如果想顺畅地做到这一点需要考虑"4条收纳的退路"：

第1条是，放在厨房中的可以收纳的凳子。

最好有两个这样的凳子，然后在其中一个上面什么都不放。

当你想在厨房的桌子上进行什么操作时，需要将桌子整理成什么都没有的状态，这时这把椅子就成了一条退路，可以将桌子上面的东西临时放在上面。

因为只是临时的收纳空间，所以之后还需要将上面的东西一个一个再放回固定的位置，这样的话无论是什么情况都可以对应，所以我很有把握可以有一个宽敞的空白空间。

因为桌上的空间可以在短时间内快速整理好，所以当想用它进行操作的时候也可以迅速做到。

第 2 条就是在每一个空间都要放一个空箱子，将其作为"自由空间"，可以放入"各种各样的东西"。

因为在生活中经常会有想放入某个空间但是却没有合适它分类的盒子的东西，或者是只需要临时放一下的东西。

"自由空间"就是为这样的物品准备的，这是一个避免犹豫该放在哪个空间的简单方法。

第 3 条是即使在家人共享的空间里，也要留给每个人放自己个人物品的空间。

我家有一个抽屉，在睡前或是在孩子们外出以后，我会将乱放在外面的东西都放入这个自由的抽屉（下图）。自从有了这个抽屉以后，我感到最好的一点是"减少了找东西的次数"。

因为即使是觉得"没有"的东西，也会在这里找到。

这里也是可以顺畅进行复位整理的临时空间，所以我也会让家人在临时放置之后将物品都各归其位。

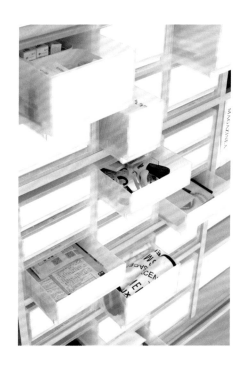

在家人共享空间中也要有放个人物品的盒子，我还准备了大号的以放入衣物。图片中的是用来放穿过却还没有来得及洗的衣服的筐。我们家每人都有一个。

第 4 条是准备一个放置不知道是该扔掉还是该留下的东西的"犹豫箱"。

因为现在很少再去不停地审视自己是否该拥有哪些物品，所以我将一个已经不用了的带盖子的大号盒子作为"犹豫箱"。以前的我有很多让我犹豫的物品，所以用的是大号的瓦楞纸箱。其实只要可以放入物品，无论什么都可以被用作"犹豫箱"。

想到犹豫箱这个方法，是我曾经过度地想要减少所拥有的物品，没有进行长远计划而扔掉了好多东西，经历了这样的失败之后才想出来的方法。

当纠结于取舍选择的时候，先将这个物品放入"犹豫箱"，然后就当生活中"没有它"，当"没有它"之后会知道它在生活中究竟是"必要的"还是"不必要的"，就会知道对于自己来说什么样的东西是应该被抛弃的。

在每天的生活中，如果将这些让我们犹豫的东西放在视线范围以外，我们的心情就会变得清爽起来！而且将其隐藏起来，我们也知道其实我们还是拥有它的，心里就会更踏实一些。对于让自己犹豫的东西，不要急于做出选择，而是适当地缓冲一下，然后再决定物品的取舍，这个方法非常适合我自己。

就这样，通过各种方法留出收纳的退路，不仅可以缩短做家务的时间，还容易保持房间整洁的状态，并且自己的心情也会变得畅快轻松起来。

收纳的退路

1. 留有自由空间。
2. 即使是家人共享的空间，也要有收纳个人物品的空间。
3. 留一个临时的"避难空间"可以快速对经常使用的桌子进行整理。
4. 准备一个"犹豫箱"放入难以做取舍选择的物品。

设计好打开门之后的欢喜

因为我努力将放在外面的东西最少化，想生活在一个清爽的空间中，所以我家常用"隐藏式收纳法"，我喜欢创造一个当收纳空间被打开时心情也会激动的"敞开式收纳风格的隐藏收纳"。

例如，在厨房吊柜门的内侧，贴着几张我喜欢的黑白照片，若将吊柜的门保持打开的状态，那里看起来就会像是画廊一样。

即使使用的是平面的物品，不是立体的物品，门的内侧也可成为装饰的空间。

就像之前提到的，门的内侧还可以被活用为整理家人电话簿和时间表的空间（P118），是一个可以用作"隐藏的信息收纳空间"的便利场所。

除此以外还有许多可以通过自己的创意进行利用的空间。

love HOME Style

结束语

现在距离我的第一本书《恋家小书　黑白收纳与室内装饰》出版大约过了半年时间。

除了收获了让我感到温暖并开心的留言以外，我也收到了许多关于收纳和生活中烦恼的提问。

其中我感受到的是为了与生命中至关重要的家人愉快相处，大家都在认真地思考应该如何是好。

我感受到了大家想要努力营造一个舒适生活的急切心情。

我自己也是一样，怀着这样的心情，一点一点在家务、工作、育儿中形成了现在的风格，有很多可以与大家产生共鸣的事情。

正是因为有这样的共鸣，所以当谈到出版第二本书的时候，自大的我觉得是不是通过我的经验大家可以学到一些东西，如果借助书籍的力量把这些经验传递出去的话，可能会给大家的生活带来一点点帮助吧，于是开始慢慢总结自己的想法。

　　为了舒适的生活而在收纳方面下各种工夫，不仅可以让生活更加顺畅，还可以让家庭关系更加和谐，并且能够节约时间，所以我切实地感受到了收纳产生的一系列好的连锁反应。

　　虽然这还未达到我自己的理想状态，但我会一点一点按照自己的节奏，愉快地将"持续下去"作为自己今后的目标，珍惜每一天的生活。

　　衷心感谢对本书的制作付出辛苦的各位，
是你们给了我温暖的关心和有力的鼓舞。
感谢各位读者的支持和帮助。
谢谢！

发自内心的感谢
2014 年 5 月
Mari